U0156212

新时期城市管理执法人员培训教材

视 觉 系 统
提升城市之美

城市视觉系统构建的
理　论　与　实　践

全国市长研修学院
（住房和城乡建设部干部学院）

组织编写

中国城市出版社

图书在版编目（CIP）数据

视觉系统提升城市之美：城市视觉系统构建的理论
与实践／全国市长研修学院（住房和城乡建设部干部学
院）组织编写. —北京：中国城市出版社，2020.11（2024.5重印）
新时期城市管理执法人员培训教材
ISBN 978-7-5074-3304-3

Ⅰ. ①视… Ⅱ. ①全… Ⅲ. ①城市规划－视觉系统－
研究 Ⅳ. ①TU984

中国版本图书馆CIP数据核字（2020）第186694号

本书是由全国市长研修学院（住房和城乡建设部干部学院）组织编写的《新时期城市管理执法人员培训教材》的分册，是全国首本关于城市视觉系统构建的理论与实践教材，填补了市场空白，同时满足城管工作人员的培训用书需求。本书理论结合实际，介绍了城市视觉系统的概述及衍生过程，同时介绍了大量国内外典型案例，让读者可以更直观地感受城市视觉系统规划的必要性和重要性。本书为全彩印刷，更好地展现了图片的视觉效果。本书可供城市管理工作者及开设相关专业的院校师生学习使用。

责任编辑：李　慧
责任校对：张惠雯

新时期城市管理执法人员培训教材
视觉系统提升城市之美
城市视觉系统构建的理论与实践
全国市长研修学院（住房和城乡建设部干部学院）组织编写
＊
中国城市出版社出版、发行（北京海淀三里河路9号）
各地新华书店、建筑书店经销
北京锋尚制版有限公司制版
北京中科印刷有限公司印刷
＊
开本：787毫米×1092毫米　1/16　印张：11　字数：160千字
2021年3月第一版　2024年5月第二次印刷
定价：**98.00元**
ISBN 978-7-5074-3304-3
　　（904294）

　　理想城市是什么样的？对这个问题，不同的人可能会给出不同的答案。虽然世界上有很多美好的城市，但我们仍然无法给出一个理想城市的标准模型。城市的发展既受现实的地理因素的约束，也受人文传统的约束。正是有了这些因素的约束和介入，使得当今世界上有着丰富多样的城市类型，其中不乏让人向往的城市范例。尽管难以给出一个理想城市的模板，但我们对于城市品质的描述，恐怕都会有这么一条：城市应该是有活力的。

　　城市意味着一种集聚。著名历史学家刘易斯·芒福德提到城市具有两个属性，一个是"容器"，另一个是"磁器"，相应地揭示了城市的两个特点："容器"属性体现城市是一个集聚的场所，有空间容量，它容纳的不仅是人居住的建筑和各类功能场所，同时它也要容纳人们丰富多样的活动；"磁器"属性反映城市是个有吸引力的场所，正是这种吸引力才会产生集聚效应。这两个属性之间也是相互关联的。因此，城市是否有活力，与这种"磁性"和容纳能力密切相关。美好的城市往往都是充满活力的，这种活力在视觉上也会有所呈现。尽管文化体系不同，但无论是欧美的城市，还是中国的城市，在这方面都会体现出一种共性的特征。

　　城市的活力往往跟审美中的一个重要准则发生冲突，即秩序，活力与秩序往往是一对矛盾体。当活力十分充分的时候，秩序感就会变弱；而当过于强调秩序的时候，活力会受到抑制。所以，对于城市的设计和建设来讲，如何实现秩序和活力的平衡，是个非常重要也是非常关键的问题。近几年来，我国在这个领域进行的一项规模比较大的活动，就是很多城市都在整理户外招牌和商业空间的视觉秩序，所收到的效果既有得也有失，在社会上引发了很多激烈的讨论，其中反映出的问题就是平衡没有控制好。

　　城市的活力不仅是视觉上的活泼，它同时也反映一个城市在文化上的包容性和活跃程度。在不同的文化背境下，城市的审美和视觉会呈现出很大的差异，这种差异又与其整体文化属性相一致，因而往往会形成一种非常有感染力的城市场景。亚洲的城市譬如东京和中国香港、上海、广州等,它们的城市面貌就带有强烈的东亚文化背景,其商业空间呈现很多相似的特点。而像米兰、巴黎、伦敦这些欧洲国家的城市,它们的繁华则呈现出另一种形态样式,并不像亚洲城市那样通过林立的店铺招牌、璀璨的霓虹灯光等商业景观来表现,而是通过店铺橱窗、商业街区这些商品内容来显现其繁华景象。不同的文化背景使得不同地区的城市视觉体系会呈现出很大的差异,这就要求我们在规划、构建城市视觉体系时,应具有一个更为开阔的文化视野来从事这项工作。

近年来,随着经济的高速发展,我国的城市化进程快速推进。一方面,新增了大量的城区空间;另一方面,大量的老城区也经历了更新和改造。伴随着城市化进程的深入,我国一些城市和专业设计机构已经开始重构城市视觉体系的探索和实践。《视觉系统提升城市之美:城市视觉系统构建的理论与实践》一书,就是以大量的城市视觉系统设计实践为主要内容,梳理了这一细分领域的主要元素,并在此基础上尝试建构理论体系,形成系统化的工作方法,以反映我国近年来在这一领域所做的工作及取得的一些成果。

城市的发展是一个动态的过程,永远不会固定在一个静止的点上,这也是城市视觉体系建设工作的一个主要挑战。近二三十年是我国城市化进程快速推进的时期,城市建设的规模、体量在当今世界发展进程乃至整个人类历史当中,都处于一个十分罕见的阶段,如此高密度、高速度地推进城市化,其完成的体量达到了相当惊人的程度。在这个过程中,难免会产生城市建设水平参差不齐的问题。本书汇集了一些相对优质、具有不错反响的案例,既是一种经验的总结,也可视为一份中国城市建设的视觉档案。相信本书能够对我们当前正在进行的一些工作有所启发,同时也为我们这个时代留下一份宝贵资料,留待后人评述。

清华大学美术学院副院长
《装饰》杂志社主编

前言 /

　　城市诞生的那天起，人们就开始了对城市设计的探索，从一些历史遗迹中我们发现，最初城市的雏形已经包括一些简单的设计理念。从纵横的街巷到地下排污管道，从教堂的尖顶到路边的邮筒，除其实用功能之外，我们也看到了秩序感和形式感，以及当中所蕴含的美学思想。20世纪中后期，伴随着工业经济的快速发展，城市化的进程不断加快，城市体量越来越大，单个城市和单一区域开始向城市群和区域整体联动。新理念、新技术、新材料纷纷出现，人们对城市规划和设计的认识逐渐清晰，城市规划和设计体系不断完善；同时，伴随着城市化的进程，也产生了环境污染、交通拥堵、人口拥挤、生态失衡等不同程度的"城市病"。无序设置的户外招牌、缺乏系统化的户外广告、忽视人性关怀的城市家具、过度亮化的城市照明等问题，一方面带给市民极大不适，另一方面也给城市管理者带来很多困扰。

　　《中共中央 国务院关于进一步加强城市规划建设管理工作的若干意见》（中发〔2016〕6号）明确指出，"城市设计是落实城市规划、指导建筑设计、塑造城市特色风貌的有效手段。鼓励开展城市设计工作，通过城市设计，从整体平面和立体空间上统筹城市建筑布局，协调城市景观风貌，体现城市地域特征、民族特色和时代风貌"。为贯彻落实中央城市工作会议精神，2017年3月，住房和城乡建设部发布《城市设计管理办法》（住房和城乡建设部令第35号），并在全国57个城市开展城市设计试点工作。2017年3月住房和城乡建设部印发《关于加强生态修复城市修补工作的指导意见》（建规〔2017〕59号），安排部署在全国开展生态修复、城市修补（即城市双修）工作。开展城市设计和城市双修工作，不仅是进一步加强城市规划建设管理工作的具体体现，对城市未来的发展也将带来积极而深远的影响。住房和城乡建设部2020年12月印发《城市市容市貌干净整洁有序安全标准（试行）》，行业标准《城市户外广告设施技术标准》已修订并公开征求意见，即将出台。

在此背景下，全国市长研修学院（住房和城乡建设部干部学院）组织部分城市管理主管部门及规划设计行业的专家成立编写组，历时一年时间完成《视觉系统提升城市之美：城市视觉系统构建的理论与实践》的编写。本书对城市设计中的核心部分——视觉系统规划设计，进行了科学的定义和详细的阐述，通过对视觉系统概述、衍生过程、系统构建、典型案例、设施运行安全五个部分的分析，从理论和实践的角度实现城市视觉知识的普及。本书选择不同级别、不同类型城市已实施的项目，既涉及繁华商业街区，也兼顾背街小巷。我们希望通过这本书的出版，为进一步推进城市视觉系统建设与管理工作提供专业的理论支撑及实践参考。

本书主要编写人员为：王天、夏磊、陈芸华、崔迪、王玺、钟振宗、王霞、马春莉、黄燕昕、黎文淞、温保明、蒋峥嵘、陈亚飞、李薇、郑国梁、温保军、阳潜伟。编写过程中，北京清美道合规划设计院提供了大量实际案例及图片，并对其中的专业部分提出很多建设性的意见和建议，深圳市城市管理和综合执法局、东莞市城市管理和综合执法局、济南市城市管理局（综合行政执法局）、宁波市综合行政执法局（城市管理局）、惠州市城乡管理和综合执法局等单位以及业界专家给予了大力支持和热心帮助，在此一并表示衷心感谢。由于编者水平有限，本书难免存在疏漏和不足之处，敬请广大读者提出宝贵意见。

目录
Contents

1

[第一章]

城市视觉系统的概述

2

[第二章]

城市视觉系统的衍生过程

3

[第三章]

典型场景下的城市视觉系统构建

[第四章]

典型案例

[第五章]

设施的设置及运行安全

入夜，长安街华灯初上，第五大道刚从梦中醒来。隆冬，一年一度的查干湖冬捕热火朝天地进行着。南国的深圳，艳阳下的红紫荆却开得灿烂……东方和西方，塞北和江南，人们因城而聚，城因人而兴。

第一章

城市视觉系统的概述

定义

　　城市视觉系统是城市空间中一切设施组成的相互关联的观感系统。其由城市色彩、建筑立面、景观绿化、夜景照明、户外广告、户外招牌、城市家具、城市导视系统、景观雕塑这九项要素组成。从纽约到东京，从上海到深圳，良好的视觉效果为城市带来了巨大的社会效益和经济效益，视觉体验改变了人们的生活方式，成为城市不可或缺的部分。如图1-1～图1-4所示。

图1-1　美国纽约

图1-2　日本东京

图1-3　中国上海

图1-4　中国深圳

　　城市视觉系统九大要素（图1-5）构成了城市空间视觉界面，它们彼此关联，交相呼应，在城市空间中组成了某种视觉秩序。目前国内部分城市由于对城市视觉系统的规划管理不完善，各要素之间互不关联，各自独立，造成视觉空间的失序。由于视觉传播极大影响着人们对事物的认知，以及由认知形成的观点、思想或态度，因此混乱失调的视觉秩序有着巨大的负面影响。随着城市化进程的加快，城市视觉系统的发展已经到了紧要关头，视觉秩序急需重构。重构视觉秩序是一个综合性问题，需要从多方面去规划，提高设计水平，制定建设标准，完善管理方法，只有如此，视觉秩序才能真正做到技术性与艺术性、规范性与审美性的统一。

| 城市色彩系统
Urban Color | 建筑立面
Landscape Architecture | 景观绿化系统
Municipal Facilities | 夜景照明系统
Night Lighting | 户外广告系统
Outdoor Advertising | 户外招牌系统
Plaque Logo | 城市家具系统
Communal Facilities | 城市导视系统
Sign Design | 景观雕塑
Landscape Sculpture |

图1-5　城市视觉系统的九大要素

　　因此，如何制定一套科学管理方法和评判标准成为当前亟待解决的核心问题。城市视觉秩序不仅仅是简单的重复，不同城市的视觉系统受其历史文化、地域特色、发展定位、城市管理等因素影响，有着深层次的成因和不同程度的问题。从城市发展角度来看，城市秩序的建立是一个逐渐形成和被理解的过程，一个城市所特有的性格，也会在这个过程中被挖掘和提炼出来。而城市视觉秩序正是城市秩序的外化表现，通过视觉的作用机制，使城市秩序被把握和认知。

　　城市视觉系统的构建可以通过视觉一体化提升的方法来实现。视觉一体化提升就是为了解决城市视觉失序的问题，通过规范管理、高标准建设、系统化提升，让城市视觉界面给人以良好的秩序感和美学感受。

要素

一、城市色彩

1. 概念

（1）城市色彩

城市色彩是指城市公共空间中所有裸露物体外部被感知的色彩总和（图1-6）。包括土地、植被等自然环境色彩和日常生活中蕴含的人工色彩。

图1-6 城市色彩

（2）城市主色调

城市的主色调不是一种颜色，而是一定明度、纯度范围内的色调或色系（图1-7）。主色调需在城市中占有75%左右的比例才能起到主导色的作用，辅色调和点缀色调分别约占20%和5%，就可以形成稳定、整体的色彩环境。

图1-7　城市主色调

2. 城市色彩的属性划分

城市色彩由自然色和人工色（或称为文化色）两部分构成（图1-8）。

图1-8　城市色彩
（建筑黄色的瓦、灰色的砖、红色的墙构成城市的固定色）

（1）自然色

由城市中裸露的山体、土地、草坪、树木、河流、海滨、水体以及天空等生成的颜色就是自然色。

（2）人工色

由建筑物、广场路面及交通工具、街头设施、广告招牌、行人服饰等所生成的颜色就是人工色。

在城市人工色构成中，还可再按物体的性质，分为固定色、流动色和临时色。

固定色：城市公用及民用建筑、桥梁、街道广场、城市雕塑等，构成相对固定且永久性的固定色。

流动色：城市中海陆空各种交通工具、行人服饰等构成流动色。

临时色：城市广告、户外招牌、道路指示牌、阅报栏、路灯、城市节日氛围布置、建筑灯光表演、霓虹灯及橱窗、窗台摆设等则构成临时色。

3. 城市色彩的系统化特点

城市色彩规划所涉及的学科范围十分广泛，不限于色彩学，其中还包含建筑学、环境艺术学、景观学、植物学、管理学等相关学科。

由于人类对色彩的感知来自光的折射和反射，不同的物体由于其表面肌理、透明程度、平滑度、受光照度、光照角度以及所处位置不同，加上受环境色彩的影响，而产生不同的视觉效果，所以城市色彩还可分为单体原色与视觉效果色。一天中有光线和天气的变化，而一年中有四季和气候的变化，受到这些变量的影响，城市色彩体现出一种动态变化的特点。比如，同样的建筑，临海而建和背山而立，以及不同的季节时段，其视觉色彩效果都是大不相同的（图1-9）。

完整的城市色彩规划设计，应对城市色彩构成因素统一进行分析，明确主色系统和辅色系统，再通过建筑物、交通工具和户外广告等固定色、流动色或临时色加以表现。

图1-9　希腊圣托里尼

4. 城市色彩规划的现状

　　国外城市一般运用"色彩季节理论"对城市景观进行设计，而且已经制定出了城市建筑色彩规划，比如法国巴黎制定了主体色——米黄色（图1-10），英国伦敦则把土黄色作为其主体色（图1-11）。在制定城市色彩规划的过程中，国外学术界还形成了诸多极具国际影响力的城市色彩建设理论学说。如20世纪70年代法国色彩学家让·菲利普·朗克洛率先提出了"色彩地理说"的概念——自然地理和人文地理两方面的因素共同决定了一个地区或城市的建筑色彩。

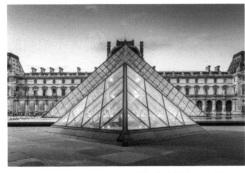

图1-10　法国巴黎以米黄色作为城市主色调

图1-11　英国伦敦以土黄色作为城市主色调

相较于西方城市，我国城市色彩规划起步较晚（图1-12），发展较滞后，虽然目前越来越多的城市开始关注城市色彩，然而仍有部分城市还未形成系统的城市色彩规划概念。由于政策方面的空白和缺乏统一的监督管理，城市建设领域的色彩应用比较混乱，造成不少严重的视觉污染问题，给城市形象带来很大的负面影响。例如，户外广告频繁使用强刺激、侵扰性、高浓度对比色，以及广告面积和数量不断增加，灯箱广告形状不一、色彩怪诞等，严重破坏了建筑原有的色彩美感。探讨城市环境色彩建设新战略，是我国城市建设良性发展的重要一环。

图1-12　部分城市户外广告设计破坏城市色彩美感

5．城市色彩规划的原则

城市色彩规划是以城市的建筑、公共设施、广告招牌、广场道路、城市家具、景观小品等组成部分为载体，对城市视觉界面的色调、明度、色彩搭配等属性进行控制，根据城市的发展理念，体现城市面貌与自然环境的和谐，突出城市文脉、地理风貌、城市基因等。通过科学、合理的色彩规划设计，提升城市形象与识别度。消除不合理的色彩因素，还可以使城市的历史风貌得以保全、统一和延续。

（1）自然美的原则

在自然向文明转化的过程中，人类对于色彩美感的认知来自自然环境；然而对人类来讲，自然环境中的原生色彩是最美和最容易被接受的。因此，城市色彩规划，应优先保护自然环境色彩，突出自然色，如森林、大海、河流、山体，甚至是岩石的自然色彩。例如，桂林市在建设过程中，以当地最具特色的山水作为大背景色，建筑采用青白灰系的徽派建筑风格和色彩，很好地保留了自然环境的原生色彩美感，从而达到城市融入自然山水的境界（图1-13）。

图1-13　桂林建筑色彩与自然山水高度融合

（2）与自然环境和谐原则

与自然环境和谐是城市色彩规划设计的核心原则。城市色彩首先要与自然环境色彩相协调。四川九寨沟和福建武夷山，作为旅游城市，其色彩鲜亮，给游客留下鲜活印象，起到"万绿丛中一点红"的良好效果。冬天白雪皑皑的哈尔滨，城市采用暗红色调，也比较容易找到平衡。青岛、威海等海滨城市，红瓦、绿树、碧海、蓝天，大面积的自然色，间或出现的一抹鲜亮的红色，实现了城市色彩与自然色的和谐统一。

（3）延续城市历史文脉原则

由历史积淀形成的城市色彩，作为城市文化的载体，用自己独特的语言诉说着城市的历史和文化。因此，历史文化名城或古城，为了延续历史文脉，城市应尽量保持其传统色调，以显示其文化的传承性和独特性。西安市在2009年对城墙内建筑改造过程中，就是采用唐代长安城青砖红柱的主色调，去复兴大唐风采，这不仅是对现存古迹的保护和对现代建筑的改造，更是对这座历史名城文脉的延续（图1-14）。

图1-14　历史文化名城西安延续历史文脉

（4）城市功能区分原则

如同人们使用服装颜色来区分不同工作岗位一样，城市色彩要服从城市的功能。这包含两层意思：一是指城市的整体功能；二是指城市的分区功能。现代商业城市与古都，其色彩自然应该有所区别。对于像香港这样的商业大城市，城市色彩服从于商业目的，即使色彩有些混乱，人们也能接受。但对于西安这样的历史文化名城，假如破坏了原有的古都风貌，其城市形象将会受到严重损坏。

从城市区域功能来说，城市行政中心，色彩应该庄重、简洁、大方，偏于冷色调（图1-15）；商业区的色彩应该活泼一些，可大胆选用暖色突出商业氛围（图1-16）；居住区应该选择比较柔和的复合色系（图1-17）；旅游区的色彩则要强调自然和谐、悦目。

图1-15　人民大会堂

图1-16　商业区

图1-17　居住区

二、建筑立面

建筑是城市最基础的组成单元。建筑的出现远远早于城市，因此建筑是颇能体现一座城市文化的载体。而建筑立面是建筑在城市空间环境中的第一展示界面，在不同的城市空间形态之中呈现出不同的视觉形象（图1-18）。

图1-18 建筑立面

　　随着社会经济的高速发展，城市对外形象的展示以及城市公共环境品质的提升逐渐为人们所重视。城市建筑的外观、特别是建筑立面的装饰，作为城市视觉界面中最为直观的展示，在城市视觉系统中尤为重要。影响现代建筑立面装饰设计的因素主要分为物质因素和人文因素，其中物质因素主要包括环境因素、经济因素、技术因素，人文因素则泛指历史文脉、人的需求以及时代的审美。

　　建筑立面除了作为城市视觉系统的构成要素之外，还是其他要素的重要载体，包括夜景照明、户外广告、户外招牌等，如何有效地将这些要素与建筑立面设计融合，与城市视觉环境和谐共处，是设计建筑立面时要着重考虑的问题。

　　对于随着城市发展出现的"城市病"，国家决策层面在2017年提出城市修补意见，重点在于解决老城区环境品质下降、空间秩序混乱（图1-19）、历史文化遗产损毁等问题。意见强调不应再大拆大建，而是要用绣花般的功夫管理城市，提升城市环境品质。建筑作为城市的重要视觉界面，是改造提升中最重要的视觉要素。视觉效果良好的建筑立面（图1-20），可以丰富街道空间环境，改善居民生活体验，为城市旧空间重新焕发生机提供强大动力。

近些年国内建筑行业受西方建筑理念的影响，城市传统建筑文化受到了一些冲击，同时还由于功能需求改变、审美潮流引导、新材料和新工艺出现等一系列因素影响，人们对已有的建筑提出了新的改造需求。对建筑立面的设计和改造则可以快速满足这些要求（图1-21）。

图1-19　改造前的建筑立面　　　　　　　　图1-20　改造后的建筑立面

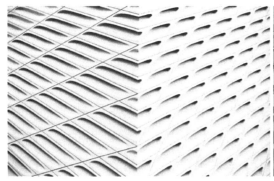

图1-21　丰富的建筑肌理

在我国经济高速发展的社会环境中，城市在不断地扩张和更新，新旧建筑与其他视觉要素混合存在。协调老旧建筑立面，减少城市发展对城市历史文化及城市视觉界面的冲击，共同构建优美的城市视觉空间，是对城市规划设计者提出的新任务。

三、景观绿化

城市景观绿化是指具有城市景观装饰作用的绿化植被。城市景观绿化具有改善城市视觉界面，优化城市生态系统，提高城市居民生活环境质量的重要作用。

随着生活水平的提高，城市视觉环境越来越受到重视，城市景观绿化因此备受关注。城市景观绿化，不是单纯的绿化种植，而是通过对城市视觉系统进行通盘的协调考虑之后，再进行的景观绿化规划设计。良好的城市景观绿化可以打造城市特有的品牌形象，如"丁香之城"哈尔滨（图1-22）、"樱花之城"武汉（图1-23）、"紫荆之城"柳州（图1-24）等。

图1-22 "丁香之城"哈尔滨

图1-23 "樱花之城"武汉

图1-24 "紫荆之城"柳州

现代城市景观绿化设计的基本原则是"宜人、亲人"，尊重自然，尊重历史，尊重文化。设计中还要注重绿色廊道网络规划、林水结合、立体绿化和植物造景在改善城市景观和生态中的作用，同时依靠科学管理、规范设计，提高城市景观绿化的技术水平和艺术水平。

四、夜景照明

城市夜景照明是城市夜间景观综合照明的简称，由功能照明和景观照明两部分组成。功能照明是保证城市各项实用功能的基础照明，是城市规划的基础功能。而景观照明则是通过不同灯光的色温、色彩的组合营造，达到优化城市环境、美化夜间形象的目的，创造出具有美学感受的城市夜间景观（图1-25）。

城市夜间景观规划设计的内容，包括城市道路桥梁夜景设计、建（构）筑物夜景设计、城市广场夜景设计、公园绿地夜景设计、户外广告设施夜景设计等。

图1-25 东莞市中心广场夜景

城市夜景照明设计需要充分考虑城市的自然、经济、历史、社会和区域发展等因素，以及灯光照明的照度与色彩，目的就是利用设计对照明对象加以重塑，并有机地组合成一个和谐优美和富有特色的夜间景观，以此表现一个城市或地区的夜间形象。从设计者的角度出发，城市照明设计应以艺术创作为核心，将城市的夜景视觉艺术合理整合布局，通过不同的灯光表现手段提升城市层次。城市夜景照明规划设计需要通过多种媒介和设计手法相结合，创造出富有内涵的人文景观。

城市夜景照明对于每位市民而言，不仅是美丽炫目的一道风景线，更是获得归属感与认同感的有效手段。通过照明推动城市可持续发展，重塑城市形象，提高城市品位，才是城市夜景照明的最终目标。城市夜景照明作为城市建设不可缺少的一部分，在提升城市品质、改变城市夜间形象的同时，也为市民创造了休闲宜居的城市夜间环境。此外，城市夜景也是城市夜间活力的载体，直接或间接地推动着城市的经济发展（图1-26、图1-27）。

图1-26　深圳市深南大道东段夜景

图1-27　深圳市深南大道西段夜景

　　近几年，受国际及国内大型活动召开和提升夜间经济等需求的带动，国内很多城市都在加快城市夜景照明规划设计和建设的脚步，其中不少项目取得良好的社会效益和经济效益，但也出现个别城市跟风攀比、从而产生过度亮化等问题。中央"不忘初心，牢记使命"主题教育小组于2019年12月出台通知，要求对"景观亮化工程"过度化进行专项整治，让夜景照明回归理性、回归科学、回归自然。从城市管理者的角度出发，完善城市夜景照明的规划和管理，明确城市夜景照明规划定位，规范设计与建设，这才是城市夜景照明发展的长远之路。

五、户外广告

　　户外广告是在建筑物外表或街道、广场等室外公共场所设立的昭示设施。户外广告作为一种创造视觉审美的活动，是城市外部环境系统的重要组成部分，是城市历史文脉演进的沉淀，是商品经济发展的体现，是现代城市设计、城市建设的必然产物。如：纽约时代广场（图1-28）。

图1-28　纽约时代广场

户外广告的类型有很多，根据不同的特性和设置方式，可分为附着式广告、落地式广告、其他类型广告（图1-29）；根据广告用途分类，还可以分为商业性户外广告、公益性户外广告、户外招牌（店面招牌、建筑楼宇标识、机构名称标识等）。户外广告是一种以流动受众为传递目标的广告媒介形式，视觉传播是户外广告的首要任务。

每一个户外广告都有自身服务的主题、品牌等，因此户外广告的创作，首先要根据主题选择合适的色彩、构图、表现形式等，以此入手从而达到品牌传播的目的。一条繁华的街道，其户外广告的受众很多，广告位价值很高，因此会吸引众多企业品牌和商家。这种情况下，如果不加以控制，众多不同类型的户外广告拥挤在同一个空间中，不仅会造成街道视觉界面混乱，更会分散受众视线而导致展示价值下降。

现阶段，我国部分城市户外广告的分布设置大多呈凌乱、无序状态（图1-30）。众多户外广告牌随意地分布在城市的各个角落，造成视觉上的碎片感；为加强视觉冲击力而出现的颜色抢眼、"各自为政"、夸张杂乱，影响建筑使用功能等问题，严重地是破坏了城市视觉界面。

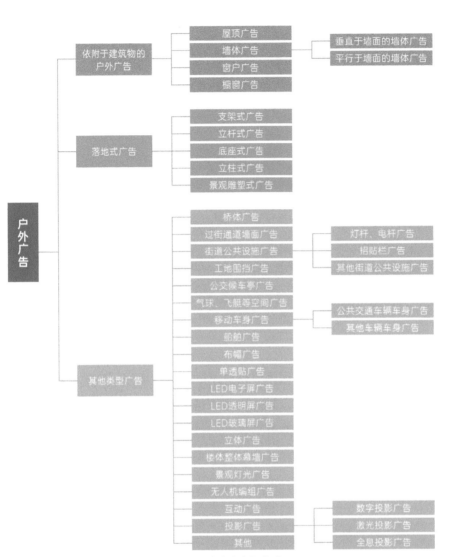

图1-29　户外广告的类别

图1-30　现阶段国内部分城市户外广告乱象

部分户外广告因为管理不到位，违法违规设置，还存在严重的安全隐患。随着城市商业发展速度的加快，户外广告的扩张速度将更快，分布的范围也将更广，内容变化也更频繁，对城市形象的影响也将更明显。因此，如何在城市整体视觉空间的框架内合理规划户外广告，使其更好地呈现城市形象，已成为一个非常重要的课题。

各地政府要充分认识到户外广告在城市形象中的重要地位及作用，不仅仅需要控制其位置和数量，更要高标准设计、高品质建设。

在设计者眼中，户外广告具有相当强的针对性和创造性，已经成为现代化城市环境设计建设中的一个重要组成部分，与城市的其他视觉要素交相辉映、相得益彰。户外广告设计应尊重空间环境中的其他设施，有机融合所属空间环境，保证与城市协调发展，对城市环境起到美化和点缀的作用。

广告镶嵌于现代生活之中，同时又重塑着现代生活。——《简明不列颠百科全书》

六、户外招牌

户外招牌是指在办公场所或者经营场所的建（构）筑物及其附属设施上，设置的用于表明单位名称、建筑名称、字号、商号的各类标识、匾额、标牌等。

户外招牌的记载可以追溯到原始社会末期，最早的文字描述始见于战国时期，经典著作《韩非子》述及酒家为招揽生意而挂起酒旗（图1-31）。

现代户外招牌的设置种类繁多，设计方式也花样百出。随着市场化的演进和新材料、新工艺的出现，户外招牌的发展也焕发出前所未有的生命力（图1-32）。尤其是科技的进步和声光电的应用，更是为户外招牌的发展提供了强有力的技术支持（图1-33）。

图1-31　中国古代酒旗

图1-32　老凤祥银楼金属浮雕形式招牌

图1-33　背发光形式的招牌

户外招牌是人们对属地主体的第一识别信息，户外招牌品质的高低会直接影响到品牌形象。为了达到高度概括自身形象、吸引受众目光的目的，很多户外招牌突破规范限制，使用与本身建筑物不相符的尺寸以及夸张的颜色，以期凸显自身品牌，但因为城市视觉界面的混乱，效果往往适得其反。

目前部分城市的户外招牌主要存在以下问题（图1-34）：

1. 规划缺失。未进行系统性规划，缺少分区分类设置理念，缺乏与所处商业环境、人文环境、建筑环境的协调。

2. 定位模糊。未能与城市特色、街区环境、属地特性进行良好的结合。

3. 设置无序。面积大小不一、安装位置不规范，破坏建筑整体性，影响视觉感受。

4. 设计雷同照搬照抄。使用"一刀切"的设计手法，造成设计无特色、千城一面的现象。

5. 工艺落后。制作工艺水平较低，缺乏创新及节能环保材料的应用。

6. 管理维护不到位。缺少科学管理的长效机制和对已设置设施的更新与维护。

图1-34 户外招牌存在的主要问题

户外招牌的改造需要综合考虑城市多个因素，不能使用"一刀切"的方法进行片面处理，需要精准定位城市品牌形象，在把握整体与局部、个性与共性的关系上，全面看待问题。户外招牌的设计不仅要重视对传统文化的保护，还要结合时代特色。户外招牌的设计还需要平衡商业与艺术间的关系，做到内容和形式的统一。在设计的过程中，还需要对城市空间的总体布局、媒体形式、街道环境、内容效果等方面进行把控，充分考虑城市整体视觉空间的协调性（图1-35）。

户外招牌是城市视觉系统的重要组成部分，其设计和管理在一定程度上反映着一座城市的价值观和发展观，体现一座城市管理的态度以及协调政治、经济、文化、艺术等的能力。户外招牌不仅向消费者传递信息，还附有装扮城市、丰富城市、完善城市服务功能的作用，同时也是城市品牌形象的有效传播载体。在城市化进程加快的今天，我们需要重视户外招牌的规划与城市品牌建设之间的关系，采用科学合理的管理制度和优秀的设计来进行建设和监管，塑造出独具特色的、符合自身发展需要和价值审美的城市品牌形象。

图1-35　户外招牌提升前后对比

七、城市家具

城市家具是指城市中的各种户外环境设施，包含信息设施（路标、电话亭、邮箱）、卫生设施（公共卫生间、垃圾箱、饮水器），道路照明设施，安全设施，娱乐服务设施（坐具、桌子、游乐器械、售货亭），交通设施（巴士站点、车棚）（图1-36），艺术景观设施（雕塑、艺术小品）等。

"城市家具"的概念近几年开始在国内流行。如果把城市比喻成一个大家庭，那么布设在街道、广场、绿地或其他公共空间的公共设施就如同是这个家庭的家具，相似的概念还有"城市客厅"。

图1-36　城市家具——公交站

城市家具（图1-37）是城市环境和城市景观的重要组成部分，承载着一座城市的公共文化基因，城市家具的设计要充分考虑以下功能：

1. 实用功能。作为城市家具，其作用与室内家具的概念一样，就是满足城市居民生活，为人们提供识别、休息和洁净等服务。实用功能是城市家具设置最主要的考虑因素。

2. 装饰功能。具有美感的城市家具不仅可以装饰城市风景、反映时代生活，还可以增加居民的生活情趣，培养居民的审美眼光。

3. 文化传承功能。城市家具作为城市景观重要的组成部分，需要着重体现其文化性。提取城市历史元素，并融合现代文明的城市家具可以作为文化传播媒介，很好地传递城市的文化和精神，激起市民强烈的共鸣和认同感。

人性化设计是城市家具设计的重要原则，这对设计师提出了很高的要求。首先，要求设计师具有人文关怀的精神，能够自觉关注设计过程容易被忽略的因素，比如残障人士等的需要。其次，要求设计师熟练掌握人体工学等理论知识，并运用到实践中，让设施功能体现科学性和合理性。

图1-37　城市家具

随着互联网的高速发展，物联网、5G网络等新技术、新工艺的广泛应用，城市家具的设计要求更具现代化、智能化。传统的城市家具已经难以适应当下城市的发展要求，针对这些情况，打造智慧城市家具和智慧城市街道的规划策略被提上日程之后，需要加快落实，为未来城市发展提供需求。

城市家具设计可通过调动造型、色彩、材料、工艺、装饰、图案等元素，结合不同城市的历史文化、人文特色进行构思创意，打造该城市独有的城市家具文化品牌。

城市家具关系到一个城市的视觉界面形象，更关系到城市居民户外公共活动的生活质量。在城市建设日新月异的今天，城市家具的重要性尤为突出。良好的城市家具设计（图1-38），不仅可以装点城市，还可以优化城市生活，展示城市的文化力量和品牌价值。

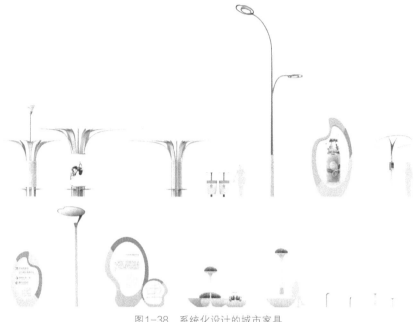

图1-38　系统化设计的城市家具

八、导视系统

导视系统是指一座城市的整体指示系统，包括交通导视、商业导视和文化旅游导视等，是一个能够体现地域特征、历史文脉、城市形象的导向标识系统（图1-39）。

图1-39　大同市城市导视系统

导视系统在不同时期有不同的名称，如标识牌、信息牌、导向系统等。现代城市的发展需求，对传统意义上的标识体系提出更高要求，我们把它定位为导视系统，即"导"和"视"两个部分。

导——本质是解决人的找路问题，传达的主要内容是空间信息。

视——通过区域特有的物化载体，传达城市视觉形象。

导视系统突出"导"的方面，以信息传达为主。从整套信息系统的开发、信息梳理，到地图的地标性图标、一般图标、文字、颜色等，最终到索引牌上的应用，信息传达的层次与方式应简洁明了、方便查询。所以，信息界面的序列、逻辑关系以及传达方式都是决定导视系统建设成败的关键。以下几个方面在设计时需要重点考量：

1. 集约化设计。节约城市空间用地，结合其他城市空间载体进行设计。比如结合墙面、地面、井盖等其他城市家具进行设计。

2. 雕塑级设计。突出城市或地域、行业特性的导视系统设计，追求高品质的工艺，使人记忆深刻。

3. 科技性应用。随着科技的发展，导视系统可引入先进技术，赋予更多的使用功能。例如电子屏幕的应用，能传达更多的信息；搜索引擎能够更立体地进行定性查询、实时监控等。

4. 环保型设计。这是从制作和维护角度考虑的，比如使用相对环保的材料，如新型铝、有机玻璃；更为低碳的设计手法，如引入太阳能使其自发光等。

设计导视系统时，还应当注重功能性、合理性、展示城市形象的准确性等原则。科学的城市综合导视系统的设计与建设，可以让城市居民、游客与城市空间产生有效互动，使城市生活更加方便、更具魅力、更有活力。城市导视系统还是一座城市富有人文内涵的文化地标，在给城市生活带来便利的同时，增强城市居民和游客的体验感，推动城市的经济发展和文明城市建设。

九、景观雕塑

景观雕塑属于雕塑艺术的一种，主要使用于城市重要门户、重要街道节点、园林景观公园或城市景观广场等户外公共场所。城市景观雕塑具有地域性、公共性、人文性的特点，根据功能、作用的不同，还具有积极性、公众性、纪念性等性质、特征。

景观雕塑区别于摆件类的雕塑，其具有形体相对较大、更具公共审美特征。材质方面则有更强的防风雨、防紫外线要求，一般采用金属、玻璃、石材等。景观雕塑在造型上，主要分为写实雕塑与抽象雕塑。

雕塑与环境景观有着密切的联系。作为环境的装饰物，它在环境景观设计中扮演着不可忽视的角色，其形式与位置，数量的多少，都对整个环境气氛的营造起着举足轻重的作用。景观雕塑的出现，提高了整个空间环境的艺术品质，丰富了城市景观节点，改善了环境的景观形象，给人们带来美的享受。形式各异、内容丰富的景观雕塑，如同一个个灵动的标志，表达着积极向上的精神内涵。城市景观雕塑作为城市文明程度的重要标志，其设计和建设能够更好地引导人们加深对城市文化的理解，展示城市文化特色，扩大城市品牌的影响力（图1-40、图1-41）。

图1-40　深圳华强北商业街景观雕塑——科技魔方　　图1-41　拉萨景观雕塑设计——高原城颂

应用空间场景

　　城市视觉空间因使用功能不同，形成不同的应用空间场景。以空间组成场景划分，可分为商业街区、中央商务区、重要门户枢纽、广场、城市道路、重要建筑群、特色园区、城市公园八个部分。

　　1. 商业街区是指具备一定用地规模，商业功能突出、商业网点聚集度高的区域。如商业综合区、商业步行街等商业活动空间（图1-42）。

　　2. 中央商务区（简称CBD）是指城市里进行主要商务活动的区域。随着功能的不断完善，中央商务区逐渐成为一个城市或区域的经济发展中枢，成为城市现代化的象征与标志（图1-43）。

图1-42　上海南京路商业步行街

图1-43　深圳福田中央商务区

3. 重要门户、枢纽，主要是指机场（图1-44）、车站、高速出入口等进入城市的第一视觉界面，是一座城市（区域）交通运输系统的重要组成部分，其形成条件与城市规划、经济条件、贸易水平、产业布局等有关。

图1-44　国家级核心枢纽——北京大兴国际机场

4. 广场，是指为满足多种城市社会生活需要而建设的，以建筑、道路、山水、地形等围合，由多种软、硬质景观构成的，是具有一定的主题思想和规模的节点型城市户外公共活动空间，与城市的形象、定位息息相关，是城市中人们进行政治、经济、文化等社会活动或参与交通行为的空间（图1-45、图1-46）。

图1-45　青岛五四广场

图1-46　成都天府广场

5. 城市道路是指通达城市的各地区，供城市内交通运输及行人使用，便于居民生活、工作及开展文化娱乐活动，并与市外道路连接，负担着对外交通的道路，包含城市重要干道、次要干道、支路以及背街小巷。城市道路担负着城市的交通运营重任，也是城市形象展示的重要载体（图1-47、图1-48）。

图1-47　深圳城市道路

图1-48　东莞城市道路

6. 重要建筑群是指城市中具有重要功能的建筑群，可分为公共建筑群（包括行政办公、商业办公、图书馆、艺术中心、展览馆等）以及住宅建筑群、商业建筑群、工业建筑群古建筑群等（图1-49、图1-50）。

图1-49　上海重要建筑群

图1-50　深圳重要建筑群

7. 特色园区是指城市发展区域特色经济、支撑城市块状发展的特色产业园区，包括科技园区、艺术园区、文化创意园区、工业园区、地方民俗园区等（图1-51、图1-52）。

图1-51　上海老码头创意园

图1-52　上海8期创意园

8. 城市公园是指城市中具有公园作用的绿地和滨河景观带。它是一个公共的开放式空间，是市民休闲娱乐的场所，同时也能起到美化城市环境、改善空气质量的作用（图1-53）。

城市不同的场景空间有着不同的视觉系统结构，它们是城市视觉系统的重要载体，也是构成城市文化特色的重要单元。它们以各自独特的空间形态，组合成了丰富且立体的城市视觉系统。城市视觉系统不单指某一种空间形式，它涉及城市所有肉眼可及的视觉空间，这里面的每一部分都有其空间性质和特色，都需要科学的管理和规划建设。城市视觉系统的应用，就是为了让这些原本"各自为政"的空间互相交融，形成一个有机整体，保证城市视觉系统的协调性和完整性。

图1-53　深圳香蜜公园

第二章

城市视觉系统的衍生过程

城市视觉系统的衍生过程主要分为三个阶段，即无序发展阶段、初步形成阶段、逐步成熟阶段。

[第一节]

无序发展阶段

初有城，渐有规。

城市是人类文明的主要组成部分，伴随人类文明而发展。人类从聚落开始，慢慢因为生产、生活的需要而聚集形成"城"；又因为商业交换的需求，形成了"市"。城市的出现，大大加快了人类文明前进的步伐。

人类早期的城市，只是简单的区别于乡村的另一种群居的高级形式。城市视觉空间是混乱无序、不成体系的，并没有统一的规划和布局。随着城市人口的增加，城市的规模也不断发展壮大，问题随之产生。交通的混乱无序、公共空间的尺度狭小、饮用水和排污等问题，逐渐显现出来。随着问题的加重，逐渐出现简单的城市规划和设计。

我国古代的城市文明出现于3500年前的商朝，那个时期的都城已经有了城市规划和设计的萌芽。从早期的文字记载可以知道，当时的城市有城墙、宫殿、街道和建筑，以及简单分类的生产区域。中国经历了1000多年的奴隶制社会和2000多年的封建社会，这段漫长的历史时期，生产力发展缓慢，城市的发展和管理制度未发生根本性的变化，城市还处于早期混乱、无序的状态（图2-1）。

在世界范围内，城市出现的时间早晚不一。西方城市发展大致可分为四个时期，即希腊罗马时期、中世纪时期、文艺复兴以后时期、工业化时期。早期的希腊城市比较重视公共建筑与公共场所的建设，但街道狭窄、道路泥泞，垃圾随意堆放，城市只是初具雏形（图2-2）；中世纪时期的西方城市主要是贵族驻地，城市范围不是很大，街道狭窄曲折，城市依然缺乏有意识的规划和设计，至今不少地方还保留有当时的建筑和街区；文艺复兴以后，随着工商业的快速发展和交通需求的日益增加，城市开始出现有计划、有目的的规划设计和建设；工业化时期，铁路出现，人口开始迅速地向城市聚集，造成城市环境恶化。

图2-1　北魏洛阳城复原图

图2-2　雅典卫城

为解决这些问题，城市系统性的规划管理开始出现，并逐渐走向成熟（图2-3）。近代，随着商业化进程的日益加快，城市开始有了更高的视觉诉求，城市视觉界面的管理开始出现，分工也逐渐细化。

图2-3　罗马营寨城——提姆加德

　　我国在近代曾经引进西方先进的城市管理技术，但是由于连年战乱，引入的技术没有得到有效实施。中华人民共和国建立以前，城市在视觉管理一直都是缺失的。只是由于西方工业化社会的影响，城市视觉系统的构建在这一时期开始萌芽。图2-4为老北京街景——招幌示意。

图2-4　老北京街景——招幌示意

初步形成阶段

自发展，各为政。

伴随生产力的发展，城市的规模和形式都在不断升级，城市需要更多前瞻性的规划统筹未来一段时期的发展，各层级、各类别、各专业的城市规划应运而生。美国城市规划专家凯文·林奇于1960年所著的《城市印象》，书中将人们对城市的印象归纳为地标、片区、节点、边界、路径五种元素，该书对城市设计研究领域产生非常大的影响（图2-5）。书中阐述的城市设计环节中，每一方面我们都要细心地考虑，才能够在宏观上创建出符合未来发展要求的城市设计。第二次世界大战后，"系统"的观念成为城市规划研究的核心理论，相互关联的部分所组成的整体理念开始构建。

上面述及时期虽然没有对城市各个视觉要素予以细化，但是已经有意识地将城市视觉空间进行系统化的划分，构建出符合城市发展规律的规划管理体系和设计规范。

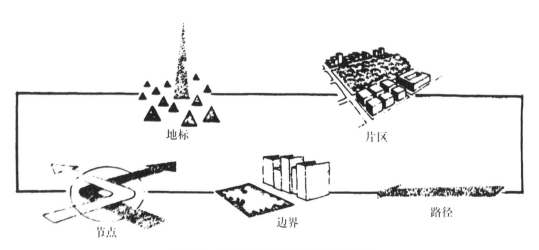

图2-5 《城市印象》中城市的五种构成元素

初步形成阶段存在的问题：

1. "各自为政"，体系独立

国内城市根据其自身发展需要和定位，先后制定城市总体规划、控制性详细规划、修建性详细规划等各类专项规划。在这期间，大部分的城市规划管理只建立在宏观层面，城市微观层面的管理和政策法规存在缺失。就城市街道的视觉系统而言，建筑立面、景观绿化、户外广告等视觉要素，有着完善的管理条例和建设规范，但在规划落实过程中，这些要素大多是独立的、互不干扰的，这就造成各个要素的设计和建设方案"各自为政"、不成体系，后果就是街道视觉系统混乱，视觉界面要素千奇百怪、互不协调，严重影响城市的街道品质和视觉感受（图2-6）。

图2-6 视觉要素"各自为政"，体系独立

2. 功能单一，相互干扰

这个阶段各类专项规划的研究成果层出不穷，也给出相应的改善和提升方法，但大部分都是站在自身专业的角度，缺乏对整个视觉系统的

通盘考量。比如，建筑和景观的专项规划、研究最终落实也只是回归到了建筑和景观的专业本身，并未扩展到整个视觉系统。户外广告和夜景照明等要素的专项规划也是如此，都缺乏对其他视觉要素的协调与控制，造成视觉要素的功能单一、甚至相互干扰等问题（图2-7）。

3. 设计粗放，品质低劣

随着城市商业竞争的加剧，一些投资主体、设计人员和施工单位，为了实现低成本高效益的目标开始突破原有限制，使用夸张的色彩、失调的尺度以及拙劣的建材，加上粗制滥造的工艺，造成了视觉界面低档、失序。由于城市色彩、建筑立面、景观绿化、夜景照明、户外广告等视觉要素互相争夺视觉界面的传达空间，城市视觉空间开始失去控制（图2-8）。

图2-7 视觉要素功能单一，相互干扰　　　　图2-8 视觉界面设计粗放，品质低劣

4. 欠缺特色，简单复制

近年来，一些城市为了加速现代化进程，通过简单复制其他城市的建设方案，造成"千城一面"的现象（图2-9），失去自身特色。在城市管理和建设的其他方面，还存在生搬硬套西方做法的毛病，造成严重的城市文化断层。在中国几千年的城市发展历史中，每个城市都形成了自己独特的历史底蕴和文化内涵，在城市建设过程中，应对这些宝贵的财富应该倍加珍惜、善加利用，以新的设计理念和手法，

结合新技术、新材料的运用，完成现代的审美效果，这是重新呈现一个独具魅力城市的关键。

图2-9　欠缺特色，简单复制

5．缺乏关怀，强制推行

　　城市作为一个多元文化与多维度思想的载体，应体现出强大的包容性和细致的人文关怀。考察我国部分城市，其视觉空间的功能是不完善的，如公共交通设施缺乏残障系统的考虑，公共区域缺少公共设施，乱拆乱建破坏街道空间，一些民生工程项目与居民生活存在距离感等。

逐步成熟阶段

成体系，互补充

随着经济的发展和治理水平的提高，城市管理者对城市规划设计工作的认识逐渐成熟，规划设计水平也得到了很大提升。视觉领域不仅着眼于平面的利用，更开始布局三维空间。未来的城市视觉系统，应该是全方位、多学科交叉、跨界融合的高层次体系。

多规合一，"多规"包含国民经济和社会发展规划、城市发展总体规划和土地利用总体规划、生态环境保护规划等多个规划。多规合一是在统一的空间信息平台上，将经济、社会、土地、环境、水资源、城乡建设、交通、社会事业等各类规划进行统筹，确保"多规"中涉及的重要空间参数标准的统一，以实现空间布局优化、各类资源有效配置、治理能力提高的最终目的。

城市风貌规划以提升城市品质和创造城市特色为目的，以城市空间、建筑与景观环境设计的美学法则为指导，对影响城市风貌的构成要素（空间、建筑与景观环境）进行符合前瞻性的整体规划设计。

城市视觉系统的建立是指城市中各要素相互支持、相互影响而形成城市整体视觉系统,城市视觉一体化设计是建立城市视觉系统的重要手段。

城市中，不同功能的要素构成不同的城市视觉系统，这些部分既相互独立又唇齿相依。城市视觉一体化设计就是要树立"一体化"的理念，统筹考虑各要素，系统整合，关联设计，真正实现功能引导设计、美学塑造城市（图2-10）。

●激活个性

●重构立面

●协调色彩

●整合广告

●规范牌匾

●串联夜景

图2-10　城市视觉系统一体化理念

城市视觉一体化经验剖析：

1．各视觉要素和谐统一，高度融合

城市视觉一体化设计的核心是整合设计，通过对各要素进行一体化提升，既强化主体要素，同时又协调各要素之间的关系，从而达到城市品质整体提升的效果。

随着城市的发展，老城区建筑立面陈旧、户外广告泛滥、夜景照明设计缺失、环境品质下降的问题越来越突出。视觉一体化设计对城市建设的重要性在于，可以使城市视觉界面要素完美地融合为一个有机整体，使老城区焕发新的生命力（图2-11）。

图2-11　老城区焕发新的生命力

2. 突出特色基因，提高城市辨识度

在城市视觉系统的构建过程中，很多城市逐渐意识到城市个性化品牌形象的重要性，于是，拾回城市传统文化，突出城市特色基因，打造城市独有的品牌形象成为城市建设中亟待解决的问题。

城市视觉一体化设计是解决这个问题的较优方案。通过对城市文化特征进行深入的挖掘和提炼，融合当地历史、经济、人文等地方特色，以强化城市的个性基因，塑造完整的、成体系的城市视觉形象：小到城市的公交候车亭、垃圾桶、座椅，大到城市的形象标识、宣传口号、形象logo（标志）、标志雕塑等，都是其中的组成部分（图2-12）。

图2-12　鄂尔多斯以"弓箭"为设计语言的城市公交站

3. 商业化与公益性兼顾，相互促进

以户外广告为例，目前，大量的城市户外广告位建设需要由政府投资，资金投入大、周期长、维护成本高，持续的良性发展，必须兼顾商业化和公益性。用商业广告的收益支撑公益广告的成本，从而减轻政府在运营和维护方面的资金压力，实现可持续发展（图2-13）。

图2-13　吴江太湖新城以"水与帆"为设计语言的景观媒体装置

4．日景观和夜景观和谐统一，整体协调

　　城市视觉一体化设计，需要对夜晚和白天两个时间维度综合提升，整体协调，实现城市视觉界面的系统性。根据城市定位、地域特征、历史传承等元素统筹设计城市夜景的艺术风格，协调日景与夜景的关系。通过对的整体环境的通盘考虑、处理，有序的建设和发展，从而创造出独具城市特色的夜景照明，构建特别的城市氛围（图2-14）。

图2-14　深圳中心区皇庭广场的城市夜景

城市视觉系统的发展趋势

今天，很多城市都以前所未有的速度向前发展，社会稳定，经济繁荣，城市日新月异。然而，这个过程中产生的视觉问题也越来越多。一些城市意识到这些问题，开始接受视觉一体化设计的全新理念。通过强化对城市视觉界面的控制与管理，城市建设逐步呈现出系统化、规范化、智能化的发展趋势。

1．系统化。通过采用一体化梳理与设计城市视觉界面的方式，对城市视觉界面的各要素进行成体系的归类、整理和设计提升，使它们更有序地进行组合、排列，便于城市视觉界面协调发展（图2-15）。

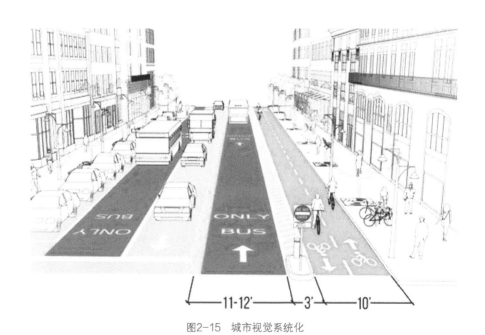

图2-15　城市视觉系统化

2．规范化。随着经济的发展及城市化水平的提高，原有的一些法规、管理办法已经不适应城市发展要求，导致视觉问题越来越突出；城市管理者意识到存在问题，开始制定相应的标准和管理制度进行规范化管理（图2-16）。

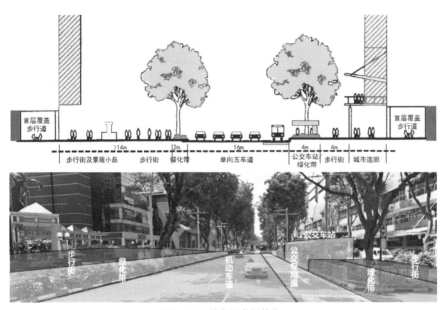

图2-16　城市视觉规范化

3．智能化。5G网络、人工智能、大数据等新技术、新科技的出现和广泛应用，使城市视觉界面和大数据平台链接为一体，从而满足了城市管理者的便捷式管理。在智慧城市的建设中，城市视觉系统的很多视觉要素都将纳入智能化感知端，城市视觉界面的各个视觉要素之间的联系将更快速便捷，使用者的参与感更强、体验感更好（图2-17）。

图2-17　城市视觉智能化

城市视觉系统的构建，考验国内城市的规划设计和管理水平。城市视觉系统明确九大要素在城市视觉界面中的作用，以及它们之间的关系，将它们纳入同一个系统，打破了传统的一种视觉要素一本管理规范的管理模式，促使城市视觉管理实现了系统化、规范化和智能化。智慧夜景、智慧广告、智慧路灯、智慧导视、智慧城市家具等新技术的广泛应用，可以帮助城市管理部门对城市视觉系统进行一键式控制管理，使智能化的城市视觉系统成为智慧城市建设的重要一环，助力城市精细化管理水平的提升（图2-18）。

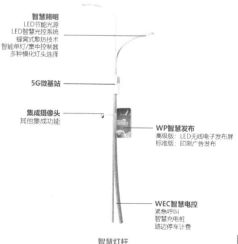

智慧照明
LED节能光源
LED智慧光控系统
蜂窝式散热技术
智能单灯/集中控制器
多种模化灯头选择

5G微基站

集成摄像头
其他集成功能

WP智慧发布
高级版：LED无线电子发布屏
标准版：印刷广告发布

WEC智慧电控
紧急呼叫
智慧充电桩
路边停车计费

智慧灯杆

图2-18　城市视觉系统助力智慧城市发展

总之，城市视觉系统是城市规划、建设、管理的重要内容，对于提升城市品质、打造城市品牌、增强城市竞争力将发挥越来越重要的作用。

第三章

典型场景下的城市视觉系统构建

商业街区

　　商业街区是指具备一定用地规模、商业功能突出、商业网点聚集度高的区域，如商业综合区、商业步行街等商业活动空间。

　　我国传统的商业街区起源于宋代，北宋张择端的《清明上河图》就是当时生活场景的写照（图3-1）。从那以后，我国城市商业街区成为市民各种活动的主要场所，是城市最热闹、最繁华的地方。

图3-1　北宋张择端的《清明上河图》局部

　　现代商业街区最早出现在欧洲。1926年德国的埃森市基于前工业时期城市结构紧凑，人口居住密度大而产生不便，于是在"林贝克"大街上禁止机动车通行，进而在1930年将其建为林荫大街，优化了整体购物环境，成为现代商业步行街的雏形。

　　科技与文明的演进同时推动着商业的升级换代，从市集到店铺区、专营店，再到现代化的商业街区，商业空间在短短数百年里随着人类文明的发展不断走向巅峰，现代商业街区最终成型（图3-2）。

商业街区的独立出现，使其功能单纯化，空间景观化。商业街区经过独立发展之后，形成了游览、购物和休闲三位一体的模式，更加凸显商业的功能。良好的商业街区空间，自身便是视觉美学的优质载体，给予消费者和游览者悦目怡情、身心舒畅之感。宽阔平整的路面、修剪有序的绿化带和景观树，以及精心设计的雕像、报亭、灯柱等，和建筑物一起构成赏心悦目的多层次景观效果。

图3-2　现代商业街区

上海南京路步行街

　　上海南京路步行街有着"中国第一街"的美誉，建成于1999年9月，全长1033米，总占地面积约3万平方米。这里汇聚着750多个国际品牌，国内外1200多个知名品牌在这里建有旗舰店或专卖店，是上海著名购物场所之一（图3-3）。

图3-3　上海南京路步行街旧貌

　　上海南京路东起外滩中山东路，西抵静安寺，由东西两段组成。100多年前，南京东路由麟瑞洋行大班霍克等人发起，在丽华百货公司附近建起了上海第一个跑马场，同时建设了一条通往外滩的小路。南京西路则始建于1860年代，路名起于静安寺，原名静安寺路。随着商业街的不断兴建，商业就此繁荣起来。这个时期，造就了南京路风格各异的建筑，独特的建筑界面为南京路创造了特有的街道风情。20世纪40年代南京路周边分布着数千家批发字号，对整个上海商业的批发和零售业务有举足轻重的影响。

　　南京路商业街的商业文化具有多样性和兼容性。从建筑风格来看，既有典型的欧洲风格，又有在西方文化影响下的中西合璧风格或有意逆反西方影响的中国传统风格。尽管这些商业建筑形式多样，但是能给人一种十分统一协调的感觉。南京路在商业的表现上非常细腻，强调突出商品陈列，同时在建筑的艺术、技术、材料的运用中非常到位，使得南京路的商业建筑多姿多彩。南京路沿街的商店在商品陈列方面吸收了中外商业文化的精华，沿街都是经过艺术化布置的玻璃橱窗，每一个橱窗都是一幅生动的立体图画，在拉近商品与顾客之间距离的同时，也增强了商业街的整体美感和文化氛围。沿街还有各式各样经过精细化设计的户外招牌，以及丰富多彩又布置合理的户外广告，共同营造了一个新颖而又多样的商业步行街，使其不仅成为上海最大的购物中心，还成为了上海著名的旅游观光胜地（图3-4）。

图3-4　改建完成后的南京路步行街

中央商务区

　　中央商务区最初起源于20世纪20年代的美国，意为商业汇聚之地。20世纪五六十年代，在发达国家，城市中心区制造业开始外迁，而同时的商务办公活动却不断向城市中心区聚集，城市需要在原有的商业中心的基础上，重新规划和建设具有一定规模的现代中央商务区。纽约的曼哈顿、巴黎的拉德芳斯、上海的浦东、中国香港的维多利亚港等都是国际上发展得相当成熟的中央商务区（图3-5、图3-6）。

图3-5　上海浦东中央商务区

图3-6　香港维多利亚港中央商务区

中央商务区（Central Business District）是一个城市现代化的象征与标志，是城市的功能核心区，是城市经济、科技、文化的密集区，一般位于城市的黄金地带。这里集中着的金融、商贸、文化、服务设施以及大量的商务办公楼和酒店、公寓等设施，具有最完善的交通、通信等现代化的基础设施和良好环境。

中央商务区建设已成为一个世界性的城市现象，是城市乃至一个区域最为重要的功能载体之一，是新的经济关系、社会关系和文化关系的形成场所。

重庆解放碑中央商务区

重庆解放碑商圈占地约0.92平方千米的核心区域被重庆市政府确定为"重庆中央商务区"，承担商务、商贸双重功能（图3-7）。

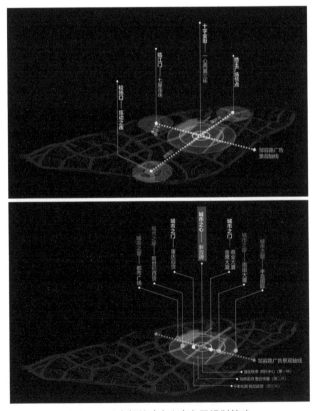

图3-7　重庆解放碑中央商务区规划策略

2010年，为了与时俱进、推陈出新，解放碑中央商务区进行视觉一体化改造提升。此次改造，主要围绕严重影响视觉界面的户外广告展开。在户外广告整改设计过程中，还针对建筑立面、夜景照明等要素进行改造和提升。

为延续解放碑的历史文脉，突出商圈商业核心价值，设计师充分利用广告景观的合理布局及构成关系，使户外广告更具主题性及形式感，最终使历史建筑与户外广告相辅相成、相得益彰，焕发新时代的新风貌。

设计师还对现有零散、繁多的广告位置进行整合，提升广告画面质感。同一视域多个广告位整编为媒体群，通过对景统一、空间互补的集群传播方式，赋予建筑广告媒体群景观性、话题性和地标性（图3-8）。

图3-8　重庆解放碑中央商务区设计效果图

夜景照明设计根据解放碑中央商务区高端商务与繁华商业结合的业态特征，通过整洁、严谨的静态广告形态，营造白天有序高效的商务环境；通过激光投影、全息成像等技术烘托繁华活跃的夜间商业氛围。对静态、动态的户外广告的艺术感、美观性、创意度，设定衡量标准，从品牌策略、画面构图、文字数量、色彩构成等多方面进行限制，强调广告与建筑及环境的互动呼应关系。对户外招牌、楼宇名称标识的设置、色彩、材质进行统一规范。由相关职能部门、专家学者组成的广告联审团队，对广告、牌匾、楼宇名称标识的投放设置严格把关，引导文化创意、文化交流、民俗及非遗展示等特色产业集聚，使解放碑中央商务区成为重庆母城记忆的核心体验区，改造前后对比图如图3-9、图3-10所示。

图3-9　重庆解放碑中央商务区改造前

图3-10　重庆解放碑中央商务区改造后

重要门户、枢纽

　　重要门户、枢纽，主要指机场、车站、高速出入口等进入城市的第一视觉界面，是一座城市区域交通运输系统的重要组成部分，其形成条件与城市规划、经济条件、贸易水平、产业布局等有关（图3-11、图3-12）。具体可分为城市高速出入口，机场与机场周边环境，车站、港口与其周边环境，重要交通交汇点等。

图3-11　城市入口落地景观媒体

图3-12　苏州站

061

城市的重要门户、枢纽是一座城市出入与内外交往的必经要地，是一个具有重要枢纽意义的所在地。就城市自身发展而言，城市重要门户、枢纽是其自身经济发展水平的重要展示面，是这座城市给外界的第一印象。视觉界面较好的重要门户、枢纽，对城市的发展有极大的促进和牵引作用。城市的其他枢纽节点作为城市交通网络的重要交汇点，流量聚集，是城市的重要宣传窗口，其视觉界面的规划对城市的经济、环境具有深层次的影响和重要意义。

随着经济的快速发展，一些城市忽略了城市形象的重要性，其重要门户、枢纽的视觉界面早已落后于自身的发展水平。界面上各大视觉元素构成混乱、缺乏统一的设计，无法表现出城市的品位和文化特色，严重影响城市形象与城市竞争力。随着城市化进程的加快，城市形象建设成为城市间差异化发展的主要竞争力，这对城市重要门户、枢纽建设提出更高要求，重要门户和枢纽节点视觉界面的系统设计和提升，迫在眉睫。

1. 城市高速出入口——拉萨落地景观媒体

拉萨市高速出入口的落地景观媒体，设计者在设计之初就对拉萨当地的地域、文化进行了大量的研究。所形成的设计方案，结合区域景观视觉界面，运用景观化、现代化、地域化等元素进行一体化设计，凸显落地景观雕塑的地域文化特征，实现历史沉淀与现代活力的依存共生（图3-13）。

图3-13 拉萨落地景观媒体设计

设计者对地貌特征、人文习俗等进行归纳总结、抽象提炼，运用
最能代表西藏特色的元素进行视觉一体化创作，使得落地景观雕塑与
环境融合一体，为区域空间注入活力（图3-14）。

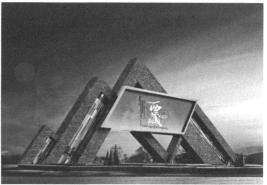

图3-14　拉萨落地景观媒体设计

2．机场与机场周边环境——北京大兴国际机场媒体

北京大兴国际机场的媒体景观设计时，为确保与机场环境一体
化，设计者遵循"体现建筑设计语言，做到媒体最终的完美呈现"的
理念，并对景观的尺寸规格、工艺细节、媒体色标等方面做了详细的
研究和设计（图3-15）。

图3-15　北京大兴国际机场

大兴机场的广告媒体设计主题是"花开"，设计建造过程中，遵循国际化、景观协调、创新性、节能环保、安全性、文化性、可操作性七个原则。经过一体化的设计考量，高价值、标志性的广告媒体与大兴机场环境高度融合，成为视觉一体化的标杆（图3-16）。

图3-16　北京大兴国际机场室内媒体

3. 车站、港口与其周边环境——苏黎世中央火车站

苏黎世中央火车站简洁清晰的设计布局，突破了传统火车站的视觉界面和通道布局。大部分车站常被诟病的问题就是导视缺失或者混乱，容易迷路，因此，苏黎世火车站对视觉界面进行了严格的划分，创造出易于识别的空间环境（图3-17）。

火车站地下空间的视觉界面设计，营造出了独特、友好和清晰的氛围，和谐统一的视觉要素又将购物层转变为一个承载客流空间的

图3-17　苏黎世中央火车站

现代购物中心。同时，在夜景照明处理上，所有大厅和通道都采用相同的材料和照明理念，走道两侧的开放式店面以简单又坚固的材料和简洁的配色，使空间更加完整与和谐。封闭的墙面空间，地板和顶棚营造出中性的空间感，门店橱窗、广告、导视系统和访客为这个空间赋予足够的色彩，建筑本体也成为标识和广告的宁静背景（图3-18）。

图3-18　苏黎世中央火车站站内视觉氛围

4. 重要干道交汇点——深圳宝安四季公园

深圳市宝安中心区四季公园位于粤港澳大湾区核心地带，是深圳市重要干道宝安大道和创业一路交汇点。伴随着周边交通环境的完善和城市的发展，该交汇点越来越重要，原有视觉界面的规划设计严重落后于区域的发展需要。通过重新定位与视觉一体化改造提升，它被重新定义为宝安中心区和前海片区的门户公园。

宝安四季公园的设计采用宝安之眼的概念，用一个"环"，使被道路分割出来的四个街角地块，在视觉上串联成一个整体，运用波浪铺装、艺术雕塑、弧形看台、互动装置等元素，将这个"环"变得层次丰富，为行人提供娱乐、休闲与交流的区域。设计对原有区域内的大型乔木予以保留，并围绕它们优化园林景观的细节设计，如调整园路避让乔木，结合乔木打造地形草坡和树池坐凳等，使整个景观视觉界面更具变化和立体感（图3-19）。

图3-19 深圳宝安四季公园（航拍）

　　根据场地的属性进行设计划分，将四个街角片区划分出文化、创新、乐活、艺术四种属性。四种不同属性的区域通过统一的元素和处理手法，进行视觉界面上的协调，成为一个完整和谐的节点景观。"文化"街角为居民提供多元化的活动场所；"创新"街角的核心雕塑源自"四季之门"的设计理念，结合水景以及四季变化为公园注入浪漫与活力；"乐活"街角布设一条环形跑道，内部提供多种亲子活动场所；"艺术"街角给予了充足的场地空间，结合弧形看台进行不同主题的艺术展示。四季公园采用整体和谐的视觉要素将其打造成为门户公园，同时为周边社区提供多元的活动场地（图3-20）。

图3-20　深圳宝安四季公园

广场

广场，是指为满足多种城市社会生活需要而建设的，以建筑、道路、山水、地形等围合，由多种软质、硬质景观构成的，具有一定的主题思想和规模的结点型城市户外公共活动空间。广场按功能分为公共活动广场、交通广场、纪念性广场和商业广场等。

在现代快节奏的都市生活中，广场能为市民献上一份宁静与恬暇；在拥挤的都市水泥森林中，广场能为市民守住一片绿洲与舒朗——这就是广场的魅力所在。广场在体现城市建筑、文化、人群与活动这些显著特征的同时，也是城市的颜值担当、形象大使，是名副其实的"城市客厅"（图3-21）。从视觉系统层面讲，不论是哪种类型的广场，都有各自特有的构成要素，而这些视觉要素的创意与组合，决定了广场的定位和形象。

图3-21 深圳市民广场

1. 公共活动广场——以色列广场

以色列广场（图3-22）坐落在曾经环绕哥本哈根的历史城墙顶端，它延伸在两个不同的区域之间，每天有数千人经过，是一个充满生机的半户外集市。2008年，哥本哈根市对该广场进行改造。

设计师通过打造"飞毯"般的广场，使其与H.C.Orsteds公园形成连接，强调广场与周边环境的连贯性，建立了一个积极的、开放的、鼓励市民参与室外活动的空间（图3-23）。

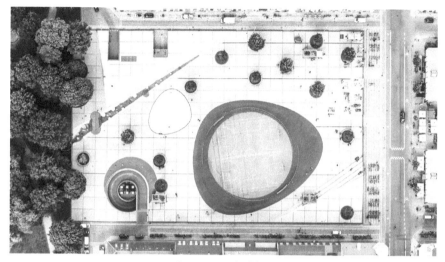

图3-22　以色列广场

图3-23　以色列广场"飞毯"地形

为了打造出引人入胜的公共空间，设计师对园林景观、城市家具等视觉要素赋予以下几个特征：被长椅环绕种满绿植的圆洞，为市民提供了绿色的集会地点；可用于球类运动、旱冰等各类娱乐活动的场地；广场角落处的楼梯可作为看台使用，从而将广场上的活动、繁忙的集市以及公园内优美的自然景观尽收眼底。以色列广场为每个市民和游客提供了一个探索城市生活的体验空间。

广场在夜景照明设计上，根据不同的使用需求，既可提供柔和的散射光，也可针对特殊活动形成聚焦于特定区域的灯光环境。围绕广场的边缘，装置着成序列的小型LED灯，带来一种飞毯悬停在空中的错觉（图3-24）。

图3-24　以色列广场夜景照明

2．交通广场——桐庐火车站站前广场

桐庐火车站站前广场，将富春山水引入地景设计，以慢行系统作为城市绿道的起点。站前广场以中心弧形水域为轴，通过远、中、近三个层次，以国画焦墨运笔为灵感，同富春山山体构成"U"形景观脉络。结合风雨连廊、园林步道等，营造出与桐庐地形相呼应的慢行系统；从轴线南端的高铁站主体起，绵延至县城、江畔、远山等，使广场内的视觉要素与周边环境无缝对接。同时依据地方现有的规划路网及绿地规划，搭建起整个桐庐火车站的视觉系统（图3-25）。

图3-25　桐庐火车站站前广场

3. 商业广场——纽约时代广场

美国纽约时代广场是一个具有国际性、标志性、时代性的商业广场。曾经的时代广场是一个混乱、拥堵的街区，经过改造升级后，广场的拥堵状况得到很大的改善，公共安全、经济效益和使用体验有了巨大提升，一跃成"世界的十字路口"（图3-26）。

图3-26　纽约时代广场

解决人流拥挤和交通拥堵，是广场改造成功的一个重要因素。改造时设计团队清理了有数十年历史的陈旧基础设施，重新梳理行人与行车的关系，在每栋大楼面前设计了统一、宽敞、平坦的步行道路，10座50英尺（约15.24米）长的水泥长凳错落分布在夹角区域，它们拥有5种不同的结构，可供人坐、倚、躺、靠，形成层次丰富的互动空间。精细的设计使人们可在体验极为繁华的商业景象之余，享受自然而舒适的休憩空间。

城市道路

　　城市道路是城市的重要经济动脉，是展示城市视觉界面形象的重要游览线路，居民和外来者可非常直观地在道路中感受一座城市的各种面貌。组成城市道路视觉界面的要素，包括建筑立面、景观绿化、户外广告、城市家具、夜景照明等。根据城市视觉系统对城市道路不同的定位标准划分，城市道路可划分为重要干道、次要干道和支路、背街小巷。

　　城市重要干道是城市的标志性道路，往往贯穿整座城市，连接城市各个重要区域和枢纽节点。其最显著的特征就是车流量大，且有明显的区域特色。它的视觉界面环境的连贯性不仅仅代表着一座城市的形象，还存在着巨大的商业价值；良好的视觉界面能够极大影响人们对这座城市的印象，促进城市的经济发展。

　　城市次要干道和支路除了为城市提供基本的交通服务，还为居民和游客提供舒适的生活和游览空间。就规模和价值而言，城市次要干道和支路大致相等。

　　背街小巷是城市的小街道、弄堂等生活空间，一般远离热闹繁华的主要街区，是承载市民的生活与记忆的地方。散布在城市各个角落的背街小巷，和居家生活联系最密切。许多背街小巷仍保留着居家单元连接成巷、巷连接成坊、坊连接成街的城市最初结构形态，是隐藏在城市中的重要文化遗产，蕴含着巨大的经济价值。其亲民、传统、多元的特殊性质，使其具有较好的开发和升级基础。但现在城市大部分的背街小巷，视觉界面混乱不堪，各大视觉要素缺乏合理的设计及管理维护，存在功能缺失。背街小巷的提升应采用"一街一景"的改造思路，通过拆除违建、治理交通、梳理管道，综合立面、灯光与街角小景等手段，在保留其文化因子、传统特色的基础上，使城市背街小巷重新焕发活力、展现风采。背街小巷视觉一体化设计提升，不仅可以打通城市的"毛细血管"，还可以为城市的经济发展开发新的驱动引擎。

1. 重要干道——澳大利亚堪培拉宪法大道

堪培拉宪法大道在设计之初，设计者就提出街道应与场地产生深度共鸣，具有自然的敏感性和对社会的理解。

设计者对街道系统进行详细的分解与梳理。视觉界面的设计不是简单的怀旧，而是对城市发展作远见卓识的考量。宪法大道作为城市的主要干道，彻底改变了堪培拉市民的生活方式，对堪培拉这座城市有着深切的影响。设计者对街道的视觉界面要素进行彻底的设计提升，重新规划园林景观，设计城市家具，完善步行体验、提升驾驶舒适度、承载高容量的过境交通，同时优化了居住环境，终于使堪培拉的宪法大道成为世界著名的林荫景观大道之一（图3-27）。

图3-27　澳大利亚堪培拉宪法大道

2. 背街小巷——广州永庆坊

永庆坊在改造升级之前非常混乱，建筑良莠不齐。有需要保护的珍贵古建筑，有新建的简易楼房，有私搭乱建的构筑物，有长期空置破败的老旧房；再加上产权情况复杂，因而整体的改造提升不能简单以"保留"或"修复"处理。设计者在设计之初对永庆坊详加调研、

思考，正视老城的边缘化处境，最终在产业业态、生活内容等方面为
其注入新的活力（图3-28）。

图3-28　广州永庆坊（一）

设计者将永庆片区的建筑单体作了编号排列，逐栋考察，对它们
在街区的位置、建筑风貌、立面完整性、结构状况等统一评判，最后
给出"原样修复""立面改造""结构重做""拆除重建""完全新建"
的提升改造方案。项目完成后，街区既保留了传统社区风貌，又兼具
当代社区精神，形成了开放、多元且温馨（图3-29）的空间。

图3-29　广州永庆坊（二）

重要建筑群

　　建筑是构成城市的基本单元。随着城市的发展，不同功能的建筑也陆续产生，形成担负着不同城市功能的建筑群。如果按照不同功能类型划分，城市重要建筑群可划分为公共建筑群（包括行政办公楼、商业办公楼、图书馆、艺术中心、展览馆等）（图3-30）、住宅建筑群（图3-31）、商业建筑群（图3-32）、工业建筑群（图3-33）、古建筑群（图3-34）等。

图3-30　公共建筑群

图3-31　住宅建筑群

图3-32　商业建筑群

图3-33　工业建筑群　　　　　　　　　　　　　图3-34　古建筑群

城市重要建筑群在城市发展中具有独特地位，体现城市的综合实力和发展水平。重要建筑群是城市总体风貌的缩影，是城市规划设计在空间上的具体落实；设计时，必须综合考量功能定位、空间特点、设计主题、区域特色、风格选择等。

1. 公共建筑群——深圳市民中心

深圳市民中心建筑群位于深圳市福田区，北靠莲花山，被深圳中央商务区包围。由深圳市行政服务中心、深圳博物馆、深圳图书馆等建筑组成。这里既是深圳的行政中心，也是市民娱乐活动的场所。富有特色的建筑和景观设计，使得这里成为深圳最具标志性的公共建筑群（图3-35）。

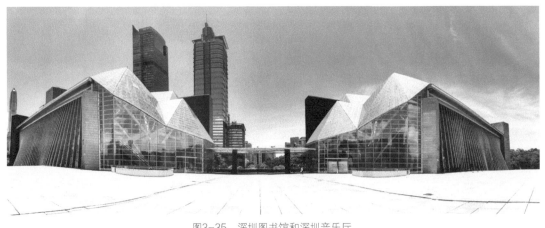

图3-35　深圳图书馆和深圳音乐厅

深圳市民中心建筑群的建筑立面设计大都含有曲线，富有韵律性
给人以亲和感，视觉冲击力强。同时，景观绿化简洁明快、庄重大方
且不失活力，公众参与率很高。景观绿化、城市家具、夜景照明等各
个要素都经过细致推敲，在主题、元素、手法上做到了一体化设计考
量（图3-36）。

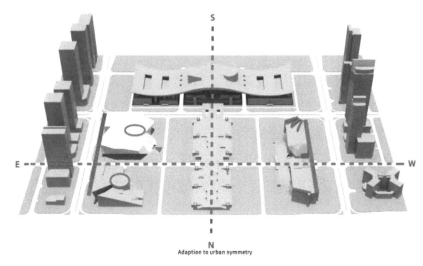

图3-36　深圳市民中心建筑群沙盘模型

夜间，以深圳市民中心为核心，以周边建筑群为界面，通过先进
的智能控制手段与创新的视觉表现手法，构建震撼的整体大联动和层
次丰富的立体演示界面，打造出特色的数字化夜景精品，形成深圳夜
景名片（图3-37）。

图3-37　深圳市民中心建筑联动灯光秀

2. 住宅建筑群——新加坡翠城新景

新加坡翠城新景住宅建筑群，位于亚历山德拉高速公路和艾耶尔国王高速公路旁边，在翠绿的新加坡南部山脊下。总建筑面积约17万平方米，一共开发了1040间不同规格的公寓，并都拥有开阔的室外空间和景观。整个场地与肯特岭、直落布兰雅山和法伯尔山公园连接，形成了一条绿化带（图3-38）。

翠城新景住宅建筑群因其大胆的设计打破了新加坡建筑标准都是独栋楼的准则。该住宅建筑群各建筑以六边形的格局相互交错叠加，构成6个大尺度的通透庭院，其交织的空间形成一个包括空中花园、私人和公共屋顶平台在内的垂直村庄。设计师通过大量的屋顶花园、空中露台以及串联式阳台，最大化地利用了原有场地和自然资源（图3-39）。

图3-38 新加坡翠城新景航拍

图3-39　新加坡翠城新景局部空间

　　翠城新景住宅建筑群内部视觉界面一体化设计程度非常高，建筑立面简洁大方，地面交通简单便捷，为园林景观的打造节省出大量空间。庭院空间设计细腻，功能完备，各个空间联系紧密，与周边环境呼应交融。景观绿化、城市家具、夜景照明等设施的布置，你中有我、我中有你，浑然成为一体，密不可分，为住宅区居民之间的互动和休闲娱乐创造出舒适的空间。

3.　工业建筑群——2022首钢西十冬奥广场

　　2022首钢西十冬奥广场选址于首钢旧厂址西北角，项目改造后定位为集办公、会议、展示和配套休闲于一体的2020年冬奥会综合办公园区。老工业区的改造不仅可以改变园区停产后的萧瑟落败状况，而且可以延续工业园区记忆，凤凰涅槃，助推工业园区转型升级。首钢工业建筑群的改造，面对厚重的历史存留，保持足够的敬畏和尊重，以"修旧如旧"为设计原则，将工业遗存变成崭新的办公场地，赋予老旧建筑第二次生命（图3-40）。

园区内景观的一体化改造提升，在原来基础上修缮与规划布置，植入开放式长廊、主入口通廊和公共空间，让园区内外景观能积极对话。园区内的15棵被定点保留的大树，也成为外部自然景观与园区内部景观沟通的最佳媒介。设计师为园区设置一条穿行于建筑之间和屋面的步行系统，这样整个建筑群在保持工业遗存原真性的同时，叠加了园林化特质；整组建筑就是一个立体的工业园林，步移景异间传递出一种中国特有的空间动态阅读方式（图3-41）。

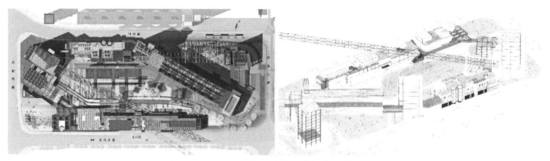

图3-40　2020首钢西十冬奥广场的设计方案

图3-41　2020建成后的首钢西十冬奥广场

项目对建筑立面、城市家具、导视系统、色彩等要素进行了一体化设计和规划，有机地串联起原有园区内散落的工业构筑物，在保留园区原有建筑肌理的基础上，精确选材和配色；同时设计了众多近人高的插建和加建，营造出景色宜人、充满活力的院落，摆脱工业的喧嚣，体现后工业时代对人性的尊重。

4. 古建筑群——丽江古城

丽江古城（图3-42）是丽江市最大的文物建筑群，也是我国南方最大的保留最完整的古建筑群，始建于宋末元初，占地面积约7.3平方千米。作为少数民族城市，丽江从城市总体布局到工程建设，融合了汉、白、彝、藏等民族建筑的精华，并具有纳西族建筑独特的风采。在外部造型和结构上，古城民居糅合了中原建筑和藏族、白族建筑的技艺，形成了向上收分土石墙、迭落式屋顶、小青瓦、木构架等建筑手法，在建筑布局形式、建筑艺术手法等方面形成了独特的风格（图3-43）。

图3-42　丽江古城

图3-43　丽江古城的建筑

　　古城大部分建筑和街道都经过修复，并且最大限度地保留了历史原貌。砖墙瓦顶，原有的木构、木雕、门楣与窗花，经过历史"抛光"的青石街道，让游人有超越时空、与历史对话的感觉。虽然经历了商业化，但建筑依然得到了完整的保留，没有被破坏，"修旧如旧"的理念得到贯彻实施。街道是原来的青石铺装，只是做了修复整理，这也使得整个丽江古城的风貌得以延续，最大限度地满足了游人的体验感（图3-44）。

图3-44　原有的青石板路

　　古城最吸引人的就是浓厚的历史感，尊重历史就是对居民和游客最大的尊重。游客走在街上，通过点点滴滴的细节，追忆历史，感受现在。视觉系统中相关要素做到最大限度地融合，没有过度的求新求异。

特色园区

　　"一五"时期开始规划建设的大型工业项目，是我国最早的特色园区。到了20世纪80年代，国家发展转入以经济建设为中心，特区设立，沿海城市开放的发展阶段，工业园区在这一阶段得以发展和完善。随着经济发展和产业结构不断调整，我国特色园区种类日益丰富，例如：科技园区、艺术园区、文化创意园区、工业园区、地方民俗园区等。

　　各类特色园区在建设中以建筑为主，经常忽略与其他要素的关联性，导致园区空间存在大量问题。比如园区公共空间单调，缺乏生机；生活氛围营造不完善，建设过程中没有营造出积极的、人性化的公共空间；园区环境品质低，资源分布不均衡；人车混流，交通安全性差等。这既影响园区的使用，也影响园区的招商引资，造成极大的资源浪费。

　　特色园区的视觉空间应该是人性化、个性化、多元化的。体现创新能力、艺术品质的视觉一体化界面，可以为城市的多元化交流和繁荣发展，提供良好的创新平台和工作环境。

1. 科技产业园区——深圳湾科技生态园

　　深圳湾科技生态园地处深圳湾区核心地带，紧邻前海深港合作区和后海开发中心。这个生态园采用绿色技术的视觉一体化系统，对视觉要素综合考虑设计，全方位保证园区的低消耗、低排放与高性能、高舒适度。生态园引入大量配套服务空间和设施，绿色庭院与商业空间结合，引入原生态体验，屋顶花园为入驻企业员工提供良好的休闲空间（图3-45~图3-47）。

图3-45　深圳湾科技生态园航拍

图3-46　园区内部导视

图3-47　园区内部空间

　　建筑的设计借鉴波士顿海港的经验，在空间规划上采用垂直功能混合以及视线通廊（图3-48），建筑立面大都采用通透的幕墙窗搭配简洁的线条（图3-49）。景观绿化重点突出生态性，绿植丰富多样，与建筑的结合度高。城市家具和导视系统的设计，除了具有现代感的外观，还加入科技元素，如使用AI互动屏幕等。电梯厅和空中花园结合，既提高电梯厅的空间品质，也增加空中花园的使用频率，整个园区空间始终追寻一种对行人友好的环境目标。

图3-48　视线通廊

图3-49　园区建筑立面

2. 艺术园区——北京798

北京798艺术区（图3-50）的前身是20世纪50年代建成的国营798厂等老工业厂区。20世纪90年代初期，产业衰落，厂房闲置。为了盈利，这些厂房陆续进行了出租。由于租金低廉加上空间宽敞，同时又紧邻中央美院，吸引了一大批艺术家在这里设立工作室或展示空间。

图3-50　北京798艺术区

艺术家以独特的眼光发现了798厂区先天优势。他们充分利用原有的厂房结构，重新装饰和修缮，创造出富有特色的艺术展示和创作空间。新与旧、工业与艺术在这里碰撞、交融，使得园区充满艺术气息，产生强烈的视觉效果（图3-51）。

图3-51 园区内局部艺术装置

3. 文化创意园区——广州TIT创意园

　　TIT创意园的前身是广州纺织机械厂，2007年广州纺织工贸企业集团有限公司与深圳德业基投资集团有限公司携手对工厂进行改造，搭建了一个以服装为主题的创意产业园。改造过程中，园区保留原厂房的建筑立面和园林景观的生态原貌，同时提取园区独特的纺织工业元素作为景观绿化、城市家具、照明灯具等视觉要素的组成部分。改造后的创意园区内绿树成荫、鸟语花香，是广州市中心难得的原生态园区，也是广州市旧厂房改造的样板（图3-52）。

图3-52　创意园内部

城市公园

　　城市公园是指城市中具有公园作用的绿地和滨河景观带。作为一个公共的开放式空间，它同时兼顾装扮城市环境、改善空气质量、为市民提供休闲娱乐场所、体现地方文化特色等多种功能。因此，城市公园的规划设计是城市建设极为重要的一部分。随着人民的美好生活需要和精神文明建设要求的日益增长，人们对城市公园的建设品质有了更高地追求，期望能够出现更多更好服务民众的文化生活及城市发展的公园。

　　城市公园的设计强调"以人为本"，必须重视游客的体验和感受。目前国内的城市公园设计思路，着重园林道路规划和景观雕塑设计，常常忽略它们与其他要素之间的协调，导致视觉界面混乱、实用性差，同时还增加了维护成本。城市公园作为城市不可或缺的组成部分，要通过良好的公园景观视觉效果，让居民和游客更好地感受大自然与规划设计的魅力。

1．街心公园——旧金山南花园

　　旧金山南花园坐落于旧金山商业和文化中心——SOMA区域（图3-53），这里有博物馆、科技硅谷和艺术商业中心，还有一个专业的棒球场，是旧金山经济、文化的聚集地和交汇点。因此，这个占地1.2英亩（约4047平方米）的城市公园要向各类探访者们提供灵活而可能互动的空间。

　　公园的设计方案主要根据场地现存树木的种类及数量、场地地形、步道、景观节点和功能等要素进行重要性分级。针对不同的人群，设计出适合他们的空间。不同空间的巧妙衔接，在保证一定私密性的同时，又使空间相互贯通、融合成一个整体。各大元素的设计处理也做到了极致：既是空间分隔，也是景观装饰的混凝土座凳；既是景观雕塑，也是儿童游乐场所的游乐设施。精细的设计得到周边民众的高度赞赏和认可，空间使用率极高（图3-54、图3-55）。

公园出入口进行无边界处理，与周边道路贯通。各景观节点在沿途路径依次串联。座椅分布在步行道两边。一个巨大的环形波动装置摆放在草地上，为公园增添了趣味（图3-56）。

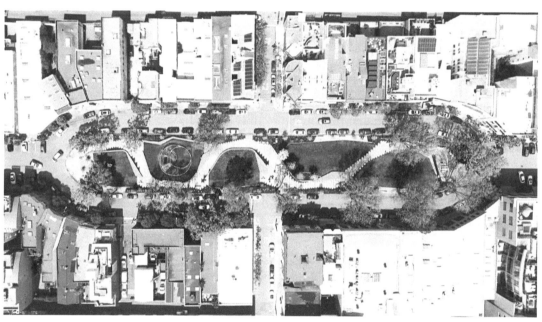

图3-53　旧金山南花园航拍

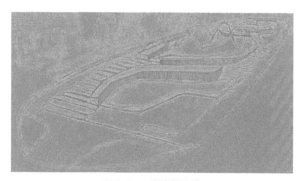

图3-54　设计师手稿

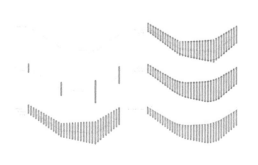

图3-55　空间推敲方案

图3-56 公园建成后

2. 市政公园——纽约中央公园

中央公园，不只是纽约市民的休闲地，也是世界各地旅游爱好者的目的地。中央公园坐落在摩天大楼耸立的曼哈顿中心，占地843英亩（约3.41平方千米），是纽约最大的都市公园，也是纽约第一个完全以园林学为设计准则建立的公园。公园规划设计了运动场、美术馆、露天剧场、游乐场、小动物园等活动场所。公园里浅绿色的草地，郁郁葱葱的小森林，可以泛舟水面的湖泊，给这一片纯人造的景观增添了自然的气息（图3-57）。

图3-57 纽约中央公园航拍

中央公园的设计更多地适应了市民的生活和精神需求，创造出适合居民休闲、娱乐、社交的宜人空间。即使经历一个半世纪的兴衰，它仍然以美丽的面貌服务着纽约市民（图3-58、图3-59）。

图3-58　公园内部广场景观

图3-59　公园内部水系景观

3. 滨河（海）公园——江苏张家港小城河

张家港小城河滨水景观设计，融合传统的"金、木、水、火、土"五行元素，用亭、榭及片墙演绎具有江南特色的枕河人家、水乡码头。景观设计引用"谷渎港"的历史渊源，打造出有历史纪念意义的港口码头广场（图3-60）。

小城河公园在规划设计时充分考虑滨水地形地貌，利用优越的自然水景条件，沿河布置了丰富的绿化植物，实现了公园的生态性和完整性（图3-61）。公园在视觉一体化设计过程中，大力开发、利用港城历史文化，充分展示沿岸的人文景观，色彩、园林景观、导视系统、夜景照明等要素，统一中有变化，变化中有韵律，营造出复合景观的空间层次感（图3-62）。

图3-60　江苏张家港小城河

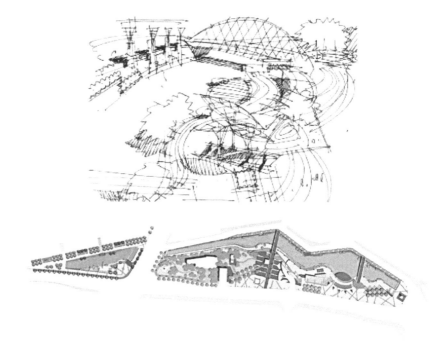

图3-61　设计方案

图3-62　空间结构

第四章

典型案例

成都宽窄巷子

宽窄巷子位于成都市青羊区，是国家AA级旅游景区，曾获得"四川省历史文化名街""四川十大最美街道"等称号。街区空间由平行排列的三条巷子及相连的仿古四合院组合而成，遗留下来的清朝古街道风貌无比珍贵，为后期区域改造提升提供了重要的参考价值（图4-1）。

作为国内知名的商业街区，宽窄巷子改造项目的最大特色莫过于对传统文化的保护、保存及延续，这个理念体现在构成城市视觉系统的各个元素上，包括建筑、景观、小品等。

我们先从建筑入手进行分析。2003年，成都市宽窄巷子历史文化片区主体改造工程立项，项目改造工程的总体思路是在保护老成都古建筑的基础上，形成以旅游休闲为主、具有鲜明地域特色和浓郁巴蜀文化氛围的复合型文化商业街区，并最终打造成具有"老成都底片，新都市客厅"内涵的"天府少城"。改造后的宽窄巷子整体空间风貌较为完整，延续了清代川西民居风格，街道在形制上属于北方胡同街巷，其主要特色为"鱼脊骨"形的道路格局。这种格局形式便于

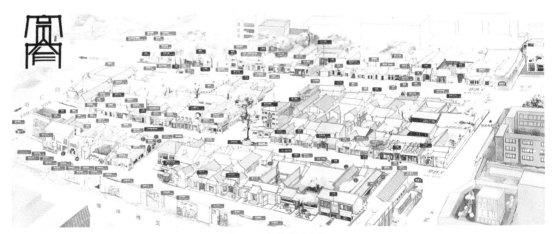

图4-1　宽窄巷子全貌

街道居民自发式管理，奠定了安静、悠闲的生活基调。

宽窄巷子两侧的原有建筑多数为清代和民国的建筑风格，建筑的立面结构与表皮元素非常丰富。改造后，在保持沿街传统立面完整性的同时，对建筑或公共空间局部进行个性化设计，其中门头的样式更是尽量做到一店一式样，即使是使用同样的材质，也尽可能地在工艺或尺度上做不同尝试，于是，每家每户的大门呈现出不同风格、不同材料、不同朝向、不同尺度，有屋宇式、石库门等。黑灰墙与小青瓦做的窗花，使整个街道的主调呈现出清代的特征。建筑作为空间的表皮，是空间历史感的外部表象，通过这些实体界面的强化，历史街区重塑出空间的时间厚度。

下面结合部分具体节点介绍宽窄巷子改造项目的思路。

1．商业店面

（1）莲上莲装饰品店

饰品店的建筑延续了清代风格，主体为灰砖材质，建筑开间约8米，雕花门两侧的墙面选用局部可种植的砖雕进行装饰，木制户外招牌使用传统的安装方式设置在门头上方；窗子的不锈钢边框是建筑立面唯一选用现代材料的构造，由于与建筑同色系，所以看起来毫无违和感，高反光的镜面材料也丰富了立面的肌理效果，增强了建筑的观感（图4-2）。

图4-2　莲上莲装饰品店

（2）艺术境界综合商店

梁思成说：无论哪一个巍峨的古城楼，或一角倾颓的殿基的灵魂里，无形中都在诉说乃至歌唱时间漫不可信的变迁。

如梁思成先生所言，通过建筑，我们可以感受到城市的变迁，触摸到历史的脉络。建筑不仅仅承载着个体的思想，也承载着一个时期的文明。

民国风格的建筑在宽窄巷子里有不少，改造后的建筑一般为上下两层。拱形的门窗是典型的民国建筑特色，两侧的立面和门头做重点装饰，钢结构代替了传统的木结构斗拱，经过重新设计组合设置在门头上方；于是，传统元素通过新的表达方式展现出来，同时整个建筑立体生动了起来。

户外招牌也是该建筑立面的一个亮点。由汉字与拼音穿插组合而成的logo（标志）成为画面的焦点，标识选用不锈钢后置亚克力材料，辅以外置射灯照明(图4-3)。从视觉层面分析，此建筑立面还有提升空间，比如外露管线破坏了建筑整体视觉观感。

门窗结构
C/M/Y/K
47/95/100/17

墙面灰砖主色
C/M/Y/K
41/36/35/0

C/M/Y/K
55/52/40/0

店面招牌
C/M/Y/K
4/14/22/0

金属斗拱结构
C/M/Y/K
69/54/50/5

图4-3　艺术境界综合商店

（3）特色小店

宽窄巷子里，由街道自然划分出来的建筑组团，常常又划分为更小的空间组合，以满足商业运营需要。茶店、铜器铺和礼品店的组合（图4-4），在不影响建筑整体清代风格的基础上，设计师根据每个店面的商业属性和需要，进行局部创意与点缀。

　　木质装饰　　金属(铜)装饰　　　　橱窗装饰(轻型板)　橱窗装饰(木质) C/M/Y/K　55/67/55/4

图4-4　"古今茶语"店铺

古与今的对话相融在宽窄巷子里数不胜数。"古今茶语"是一家茶文化体验店，正如店名一样，玻璃和钢结构搭配组合而成的避风阁有趣味时尚，与整体清式建筑风格形成鲜明的对比，巧妙不突兀，传统与现代的和谐共存让空间充满情趣。

成器铜匠铺开间约8米，对称的空间结构中，最大的亮点是用色讲究，中国传统建筑的木色与国画的黑白色调搭配，让整个建筑显得轻逸、典雅又具亲和力。打开门，室内空间暖黄色调的布置与外立面木结构及精致的橱窗小品浑然一体，在强化商业属性的同时，最大限度地兼顾到顾客的购物感受。户外招牌采用了织物印刷和印染的工艺，识别度高，同时易于更换。通过射灯，将悬挂着的铜壶投影在布帘上，成整个立面的点睛之笔，匠人匠心的点滴巧思，跃然眼前（图4-5）。

有人说成都是一个"被熊猫包围的城市"，熊猫的元素在成都随处可见。熊猫屋礼品店的熊猫头造型的门头"出镜率"非常高，其熊猫文化元素深受游客的欢迎（图4-6）。

射灯(3000k)　　门窗结构(木)　　蒲团(木)　　装饰包边(木)　　店面招牌(织物印染)
C/M/Y/K　　　C/M/Y/K　　C/M/Y/K　　C/M/Y/K
82/78/68/47　　17/47/80/0　　54/80/100/30　　0/0/0/0

图4-5　成器铜匠铺

拱形门头(涂料)　　墙面(涂料)　　店面招牌　　熊猫耳朵装饰(不锈钢)
C/M/Y/K　　　　C/M/Y/K　　(金属包边亚克力灯箱)　C/M/Y/K
0/0/0/0　　　　43/48/49/0　　　　　　　　0/0/0/0
　　　　　　　　　　　　　　　　　　　　　0/0/0/100

图4-6　熊猫屋礼品店

（4）恺庐

恺庐位于宽巷子11号，该门头为宽窄巷子最富标志性门头之一。院门用特制的青砖砌成带有弧形凸起的拱形，门洞上方嵌入中式传统的石匾，匾上采用大篆阳刻"恺庐"两字，字体写法革新，打破当时中国人从右向左读字的传统。石匾上方砌出椭圆形图案，代表高悬着"避邪镜"，意在镇退各路妖魔，永保家宅平安（图4-7）。

在宽窄巷子，各类小型店铺成为丰富空间视觉的重要因素。从存放儿时记忆的杂货铺，到"巴掌大小"的迷你咖啡店，再到深受文艺青年喜欢的小资店铺，视觉感受一次次地被刷新。这些店铺之所以被大家认可和追捧，是因为在设计上都有一个共同的特点，那就是对建筑载体的尊重，在体量、材质、色彩、照明等多个方面与建筑高度和谐，并在和谐统一中寻求个性的张扬（图4-8）。

图4-7　恺庐

图4-8　各类店铺

2．景观小品

宽窄巷子的街区公共空间利用率很高，景观小品的布置大都围绕着历史与现实的对比展开。

四川民居多以石、砖、木、竹等材质混合建造而成，这一特点在街头景观小品中也被提炼表现出来。连接建筑出入口的文化墙既具有装饰的效果，又兼顾了遮挡空调设备等视觉较差区域的功能。每个单元都通过一组图文讲述街区生活的过往。灰砖与黄铜线条搭配的地面铺装古朴又生动，黄铜线条中巧妙地嵌入了多条道路和景点的名称。

在这里，各种类型的雕像趣味横生，各种建筑材质的特性被设计师展现得淋漓尽致；人物、动物、情境及抽象结构等创作主题丰富多彩，所有这些共同缔造了街区舒适、亲和的环境氛围。未来，随着新商铺的入驻，这里还会出现新的亮点，对于宽窄巷子，这样的自然更替也是一种珍贵的记忆。景观小品存在的意义，不仅仅是点缀街区环境，更重要的是其凝固了这个街区乃至城市的文化变迁，记录着生活在这里的人们的过去、现在和未来（图4-9~图4-12）。

图4-9　景观小品

图4-10　诗婢家店面前的
　　　　抽象结构小品

103

图4-11　街角空间充满装饰景观与"宽窄"符号

图4-12　街头景墙

3. 户外招牌

　　如今，户外招牌（以下简称招牌）的设置与管理已经成为城市管理部门的重要工作之一。如何避免千城一面与设置过度这两个常见问题，这是当下管理者、商家以及规划设计人员共同研究的课题。

从古至今招牌的核心功能依然是通过建筑物、设施等载体以字体或标志等形式标明单位名称。随着技术和材料的进步，招牌在形式上有了很大的改变，已经由简单的表述功能转变为附加视觉传达的功能，这可以说是商业店铺发展的必然结果。

进入宽窄巷子，首先映入眼帘的可能不是精致的庭院、恢宏的建筑和琳琅满目的商品，而是量身设计的招牌——落地式、悬挂式、墙面式，各式各样的店铺招牌星罗棋布，让人眼花缭乱。

（1）逍遥烫

逍遥烫的招牌由中英文店名及装饰部分组成。根据建筑的体量，其整体高度进行了控制，logo选用金属底板亚克力发光材料，与"烫"的主题贴合，红白搭配的色彩火辣醒目，几个Q版玩偶展示着驰名中外的川剧绝活"变脸"。个性化的设计使商业属性识别度大大增强，装饰部分则将空间的进深打开，使设计向内部延伸并达成统一（图4-13）。

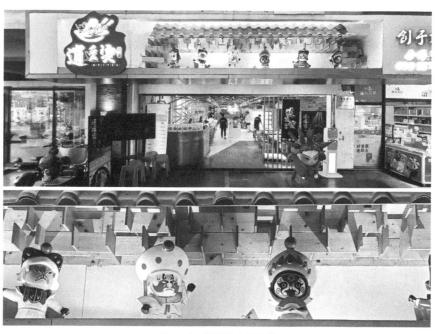

图4-13　逍遥烫店面招牌

（2）里外院

里外院位于窄巷子8号，主营茶文化。招牌设置在不起眼的一层民居建筑上，高度40厘米，整体选用金属材料，局部配以亚克力，墙面1.6米左右的位置设置一处logo，风格的内敛、斯文与院里院外的平静拿捏得恰到好处，成为吸引顾客进店一探究竟的缘由之一。精致小巧的招牌"能量"巨大（图4-14）。

图4-14　里外院店面招牌

活跃在墙面上的小型招牌也是街区的一大特色。因基础条件较好，招牌的变化更加丰富。多种材质、多种工艺手段加上独特的设计理念所产生的丰富视觉效果，给人强烈的视觉冲击（图4-15）。

图4-15　各类小型店面招牌

在设计师眼中，一切事物都可以成为艺术设计的工具。73村手工皮具店，立体金属字"悬空"设置在经过表面处理的原木上方，粗犷与精致的对比使视觉感强烈，背发光的照明方式则巧妙地衬托出了店名（图4-16）。

图4-16　73村手工皮具店

在宽窄巷子中，中式传统"牌匾"也被大量运用。牌匾是中国独有的一种文化符号，是融汉语言、汉字书法、中国传统建筑、雕刻、绘画于一体，集思想性、艺术性于一身的综合艺术作品。牌匾自诞生以来，就与我国人民的文化生活密不可分，与建筑、民俗、文学、艺术、书法相结合，深入社会生活的各个方面，它写景状物、言表抒情、深邃寓意，极富文学艺术感染力。传统的牌匾从材质上划分，主要有木制、石材和金属三种，但以木质居多，石材和金属的较为少见。牌匾漆底以黑色居多，也有紫、红、蓝、绿、棕等颜色（图4-17）。

图4-17　中式传统牌匾

4. 夜景照明

成都的夜景一直为人们津津乐道。宽窄巷子、锦里古街的历史与现代碰撞下的温柔夜色；太古里、春熙路的现代都市时尚霓虹，都使夜间的成都值得人们细细品味。

华灯初上，巷子里首先映入眼帘的是或质朴或柔美的灯光。与很多商业街区不同，这里的灯光更讲究实用性，重点照明的建筑组团通过中低照度的道路连接贯通。这些组团的照明方式以漫射光为主，光色统一。闲逸的街区生活，融合在或明或暗的灯光中。

（1）古今茶语、成器铜匠铺、熊猫屋礼品店的照明方式

此组团建筑照明以室内光外透为主，暖黄光与暖白光搭配使用，灯具选用投光灯和射灯两种形式，建筑外立面采用对门头、店招、橱窗及植物局部重点照明的手法，以满足功能和装饰需求（图4-18）。

图4-18　古今茶语、成器铜匠铺、熊猫屋礼品店夜间照明

说到实用，宽窄巷子的用光堪称经典。两盏灯笼就兼顾了照明和气氛渲染的功能；一盏射灯就能把主题描绘得妥帖到位。在这里，每盏灯都物尽其用，用到极致。

（2）尽膳店铺的照明方式

建筑外立面灯光色温以2500～3000K为主，对屋脊、挑檐、墙裙和门头部位进行照明，尤其是门头部分灯光处理的很细致，两盏射灯分别将门头背景及店招打亮，四盏灯笼用来营造氛围，明暗关系处理得恰到好处（图4-19）。

图4-19　尽膳店铺的夜间照明

（3）市井生活店铺的照明方式

据说此店是来到宽窄巷子必去的一家川菜馆。正如其店名所述，在这里就是要让食客感受到隐匿在老成都市井街道里的百姓生活。为体现这一设计定位，建筑立面采用传统的宫灯作为主光源，辅以温暖的暖黄色光，整体营造出一种家的氛围（图4-20）。

与成都其他的商业街不同，宽窄巷子夜晚的格调是宁静，在缓慢的节奏中呈现原汁原味的生活；所以，人们看到的是适度的光环境。建筑的庭院空间整体照度较低，仅有的灯光均为满足基本的需求而设置（图4-21）。多种形式的户外招牌照明（图4-22）。

图4-20　店铺的夜间照明　　　　图4-21　建筑适度照明与满足功能照明相结合

图4-22　多种形式的户外招牌照明

成都远洋太古里

　　远洋太古里（图4-23）位于成都市锦江区大慈寺片区，临近春熙路商业步行街及东大街，是成都未来的城市中心。不同于传统的室内购物中心，成都远洋太古里的建筑设计独具一格，"以人为本""开放里"的理念贯穿始终（图4-24）。

　　由于坐落在历史文化氛围浓郁的大慈寺片区，成都远洋太古里秉持"以现代诠释传统"的设计理念，将成都的文化精神内涵注入建筑群落之中。通过保留古老街巷与历史建筑，再融入2~3层的独栋建筑，川西风格的青瓦坡屋顶与格栅和大面积的落地玻璃幕墙相结合（图4-25），鲜明的地域特色，使这座城市的色彩与质感，成都人的闲适与包容，在房屋、街巷、广场中一一呈现。同时，太古里的古老建筑与周围新建筑，在风格上的碰撞、融合，通过色彩、硬质铺装、景观雕塑、户外招牌、夜景照明等要素统一了基调，视觉一体化设计在这个项目得到成功的应用。

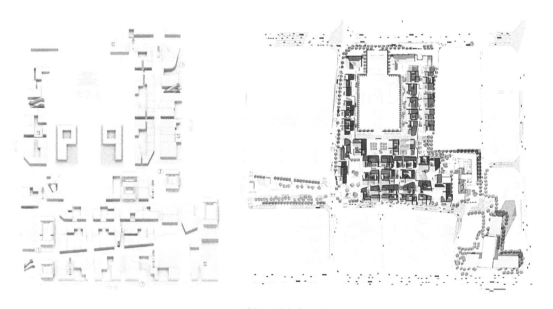

图4-23　成都远洋太古里总平面图

111

图4-24　成都远洋太古里

图4-25　川西风格建筑设计

1. 建筑色彩与材质

太古里整体建筑设计延续了川西的建筑风格，色彩十分朴素，多以冷色调为主，青瓦、灰墙、褐色梁柱、棕色门窗。其重点装修的小门楼，俗称"龙门（或门道）"，仍以冷色调为主，形式上"雕而不画"，选用的材料追求朴素的质感，主要材料为灰色现代陶土砖、复合木材、本地石材、创意金属面板等，通过预制，发挥传统工艺建构的优点，同时通过现代工艺手段与创意素材的灵活组合，最终产生丰富多彩的视觉效果（图4-26）。

整个太古里以米白色、棕色及深灰色为色彩主基调，为舒适的购物环境添加了前卫时尚感（图4-27）。

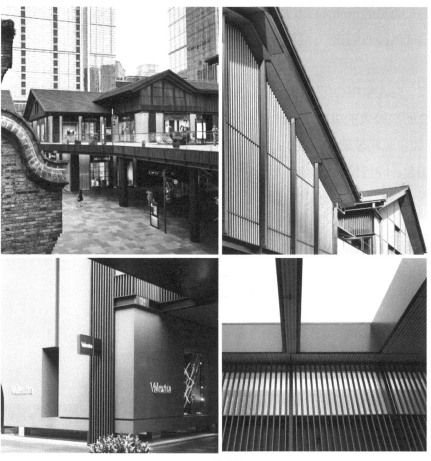

图4-26 不同建筑材质的运用

图4-27　建筑色彩

2．建筑设计风格

　　今天，太古里通过独特的零售规划概念"快里"和"慢里"，为游客提供多样化的购物体验和空间体验。"快里"有三条精彩纷呈的购物街贯通东西，以及两个聚集人潮的广场，众多国际品牌以独栋或复式店铺的形式，完整展示其旗舰形象。

　　在购物中心区、广场和庭院部位，建筑顶部被设计成坡屋顶，形成面积较大的挑檐。同时，建筑也做了创新设计，通过现代的构建（如金属和玻璃）以表达轻盈感和时代感。建筑山墙部分通过格栅的组合，呼应四川当地的"川斗意向"（图4-28）。沿街的奢侈品店铺通过使用大面积的玻璃幕墙，增强商铺的展示性和现代感。

图4-28　独栋品牌店铺与复式品牌店铺

全球第二家纪梵希概念店，建筑设计风格延续成都大慈寺古老的风貌。青砖、格栅与玻璃幕墙结合，展现法式优雅与中国古典艺术之美(图4-29)。

图4-29　纪梵希概念店

爱马仕店面，拥有上下两层空间，整体建筑仿佛是一个以半透明大理石铸造的灯箱。外墙通过创新技术覆以5毫米厚的玻璃幕墙，为店内提供充足的自然光。通过垂直流畅的浅金色金属结构，勾勒出整栋建筑的立体轮廓，营造出灵动的艺术氛围（图4-30）。

图4-30　爱马仕店面

太古里整体设计理念从中国传统建筑形式——"四合院"中汲取
灵感，各主要区域均为正方形空间，沿店堂中轴线毗邻而设。爱马仕
店面正门入口处，用马赛克拼接而成的爱马仕"藏书签"标志，显示
品牌的经典和唯一（图4-31）。

全新的Gucci旗舰店完美整合了开放式空间，通过暖色系的奢华
建材以及自然光线，塑造出截然不同于传统模式的时尚零售空间，凸
显了专属于Gucci的21世纪现代风格。

每季新品的主题元素通过贴膜手法延续到建筑玻璃幕墙上。例
如：Gucci 2016 Gift Giving系列与Gucci Ghost系列（图4-32）。

图4-31 爱马仕正门入口设计

图4-32 全新的Gucci旗舰店

"慢里"则是围绕大慈寺精心打造的慢生活里巷,以慢调生活为主题。值得把玩的生活趣味、大都会的休闲品味、历史文化与现代商业交融的独特氛围,呈现出成都远洋太古里的另一张动人的面孔(图4-33)。

图4-33　慢调生活

这里有星巴克位于西南地区的第一家"全黑围裙店"和哈根达斯在上海之外的第一家酒吧概念店,升级的时尚快消品牌与川西风格建筑的碰撞,为成都带来全新消费体验和视觉体验(图4-34)。

图4-34　星巴克酒吧概念店

除了精致的美食,"慢里"还引入各类文化生活品牌,例如:有情感的野兽派花店The Beast(图4-35),让忙碌的都市人在这里慢下脚步,邂逅生活的美好。店铺采用肉粉色与深灰色的跳脱搭配,成为太古里一道艳丽的风景线。

图4-35　野兽派花店

大多数店铺风格简约现代，以弧形结构为主，与川西风格竖向结构搭配别有一番风味。

3.户外招牌

太古里的招牌形式以悬挂式、墙面式、镶嵌式为主，识别性强，强调店面形象。整个购物中心的招牌非常协调统一（图4-36）。在前期，统一给予租户装修指导，精细到厘米级别的尺寸，人体高度的示意、开门的方向、凹凸的尺寸都给出详细的指导和要求。

图4-36　各类店铺招牌

4．地面铺装

太古里地面铺装的色彩与建筑的色调协调统一，通过大面积使用与建筑主体木质色系及质感相和谐的石材，将中式建筑特点体现到各个细节层面（图4-37）。广场采用大面积的木质铺装（图4-38），为周围商铺提供绝佳的展示场地；通过定期举办商业主题的展示会宣传商品，聚集人气。

图4-37　地面铺装　　　　　　　　　　图4-38　地面木质铺装

5．橱窗广告

橱窗新媒体作为户外广告的一种新形式，以其独具的优势正越来越受到人们的青睐。太古里橱窗广告的表现形式有：放置模特、横幅广告、灯箱广告、液晶电视或利用灯具（霓虹灯）直接表达（图4-39）。橱窗广告可通过直观地展示吸引消费者，折射出商业文化的魅力。

图4-39　不同类型的橱窗广告

6. 景观小品

太古里邀请国内外知名艺术家定制21件艺术品（图4-40），放置在街区各处。这些作品以人、自然、文化等元素为主题，融合东西方思想，以植物的形态、自然的风光、生活的元素为切入点，将美妙瞬间凝固定格。开阔的天空之下让人感受到沉淀的艺术之美。作为太古里街区设计的点睛之笔，景观小品虽然体量小、色彩单纯，但却提高了整个空间环境的艺术品质，改善了整个环境的景观形象，给人们带来美的享受。

图4-40 景观小品

"邂逅"雕塑由青铜及不锈钢打造而成，雕塑寓意生命轨迹的交错是命运的安排（图4-41）。

此外，太古里每年定期举办多种类型的前沿艺术展。如2020年的纸艺装置艺术展，将未来城市"穿越时空"展现于漫广场和里巷之中，用环保纸制装置结合声光影及气味，打造一座充满未来感的梦幻森林，让参观者进入一场时光的梦影里，与时间和自然对话，探索城市与生活的理想样本。以传统剪纸的形式和超现实的"嫁接"手法，使植物图腾剪纸"生长"于成都代表性植物——竹子之上，构成一座充满梦幻气息的城市森林、一处人与自然和谐共生的未来理想之境（图4-42）。

与主装置形成配合和呼应的，还有散落在里巷中的"自然漫游"装置点，东里入口的"生命树"，是一棵不断生长、更新的共生之树（图4-43）。北中里二层的"云间"，用轻盈的云朵缔造通向天空的阶梯（图4-44）。

图4-41　邂逅雕塑

图4-42　艺术灯光装置（一）

图4-43　艺术灯光装置（二）

图4-44　云间

7. 导视系统

导视系统本质上是环境信息与人交流沟通的媒介，在指示、导视的基础功能设计上，更加侧重于视觉形象的提升。特别是在复杂的城市环境中，导视系统的作用更加突出，生活环境所及之处，导视系统都不可缺失。

成都远洋太古里最引人注目的导视系统当属设计创意独特"精神堡垒"。该作品高度近20米的作品屹立于太古里各个角落，成为此处独一无二且最具特色的大型地标（图4-45）。

图4-45 精神堡垒

太古里购物中心的标识系统造型设计简约，材质以不锈钢结合亚克力等多种材料组合拼接而成，风格和材质均与建筑的材质、色彩相协调。

导视系统遍布太古里购物中心各个角落，方便消费者准确定位目标地点（图4-46、图4-47）。

图4-46　太古里导视系统

图4-47　太古里停车引导

8. 夜景照明

太古里建筑照明以内透光为主，暖黄光为主色调，对门头、招牌、橱窗及落地景观，以重点照明的手法满足功能照明和装饰照明的需求，体现商业区的热闹与繁华（图4-48）。

功能照明以景观灯和草坪灯贯穿整个购物中心区，灯具造型简洁，夜间灯光色温以3000~4000K为主，满足夜间照明亮度要求（图4-49）。

历史的古韵、人文的雅致、艺术的光辉与街巷的购物休闲氛围交融碰撞，一个丰富多彩、拥有不同层次、充满生活气息的公共空间应运而生。

图4-48　太古里夜景照明

图4-49　太古里的灯具造型

深圳华强北商业步行街

　　华强北商业步行街位于深圳市福田区，长约900米，是亚洲规模最大的电子产品集散地，被称为"中国电子第一街"。2015年，该商业步行街被选定为视觉一体化改造重点区域。前期调研发现，步行街存在众多亟待解决的问题：两侧建筑立面陈旧，夜景照明缺失，广告牌繁多且秩序紊乱，户外招牌品质低、工艺粗糙等（图4-50）。

图4-50　华强北商业步行街改造前

　　项目确定"以人为本、科学规划、政府推动、市场运作"为改造原则，遵循"一轴一心两翼"的布局理念。将区域划分为开放、半开放空间。

　　开放空间通过深度诠释视觉要素，明确个性化建筑立面造型与色彩，打造丰富多彩的城市界面，形成活跃的景观节点。半开放空间则做制约，城市界面的功能以满足空间基础构成为主，放弃刻意的彰显，收敛建筑立面造型、色彩。户外广告以满足产品宣传、辅助商业氛围为主。

　　针对综合的视觉问题，制定激活个性、协调色彩、重构立面、整合广告、规范夜景的改造手法，对区域内所涉及的数十栋建筑进行综合改造提升。此举旨在提升整个华强北的品牌形象和竞争力，巩固"中国电子第一街"龙头地位，吸引创新金融、现代物流、网络信息、创意设计等高端服务业聚集，提高产业整体竞争力，并引导区域逐步向多元立体化发展。华强北商业街总平面图（图4-51），效果图（图4-52）。

图4-51 华强北商业街总平面图

图4-52 视觉一体化设计效果图

1.建筑节点

（1）曼哈数码广场

曼哈数码广场改造前，如图4-53所示。

图4-53　曼哈数码广场改造前

曼哈数码广场建筑立面的装饰主材选用铝单板，局部采用铝板冲孔图样点缀，充分展现现代建筑的商业特色。户外广告，设置在建筑视觉中心处，增强了信息传播效果，使广告价值大幅提升。楼宇名称标志与建筑立面色彩呈对比色系，增强建筑的识别度（图4-54）。

曼哈数码广场视觉的一体化提升，不仅有效解决了原来建筑外立面存在的诸多问题，同时还治理了广告招牌、楼宇标识、灯光照明等综合视觉难题（图4-55）。

图4-54 曼哈数码广场改造前（上）及改造后（下）

图4-55 曼哈数码广场改造后的夜景

（2）赛格科技园

　　赛格科技园位于华强北路与振兴路交会处，业态为电子综合卖场及办公仓储，改造前该建筑存在表皮生锈老化、户外广告品质低劣、夜景照明缺失等问题（图4-56）。

图4-56　赛格科技园改造前

　　设计方案选取叶脉为设计元素，在建筑西北和西南角设置玻璃幕墙结构，将户外广告布置在沿街的两个立面上（图4-57、图4-58）。

图4-57　赛格科技园设计效果图

图4-58　赛格科技园改造后的效果呈现

2. 户外广告

　　华强北商业步行街的户外广告，按要求全部进行一体化梳理提升。根据街道的商业定位和需求，在满足楼宇最基本使用功能的前提下，力争广告价值最大化，同时最大限度地与楼体契合，保证楼宇的协调性和美观性（图4-59）。

图4-59　华强北商业步行街规整后的户外广告

根据业态需求，设计者制定了一套严格的评估标准，涉及内容有：广告的车行和人行视角、广告密集程度、广告可视距离和时间、建筑属性和业主诉求等。通过评估，对不同区域、不同角度、不同尺度的广告作出相应规定，这些新规划的广告落地实施之后，商业价值大大提升，得到更多高端品牌的青睐。

3．夜景照明

夜景照明是华强北商业步行街视觉一体化改造提升的重要一环。改造方案对项目的尺度、亮度、色温、节点氛围等进行统筹规划，明确了步行街的设计定位（图4-60）。

图4-60　华强北商业步行街改造后夜景

华强北的夜景照明设计方案，既突出区域特色，又针对不同建筑进行类型区分，根据道路的等级、十字路口、重点商业路段划分光照等级。不同的位置设计不同的照度，人群密集区照度是偏僻地段的两倍以上。建筑照明则按功能属性划分，营造不同的商业氛围和工作氛围（图4-61）。

华强北商业步行街的夜景照明设计的重要节点，是商业街入口的落地雕塑。雕塑的整体设计灵感来源于"魔方"。魔方的外形设计简约明快，材料选择户外全彩动态LED玻璃屏，结合丰富的主题内

容，体现科技与艺术的融合，为华强北电子产业龙头地位提供绝佳的
形象宣传平台（图4-62）。

图4-61　华强北商业步行街改造后不同区域的夜景氛围

图4-62　华强北商业步行街北侧入口落地景观雕塑

　　通过主管部门、建设单位、华强北商家、广告公司和设计机构的
通力合作，步行街得以脱胎换骨，"国际电子商业名街"以崭新的面
貌呈现在世人面前。

宁波月湖盛园

月湖盛园位于宁波市中心城区。作为宁波市区现存为数不多的历史街区之一，2005年已被列入历史文化街区保护范围。三江六岸、一湖居中——月湖自古以来就是宁波城市的核心区域。月湖盛园前身是郁家巷历史街区，因紧邻月湖历史文化保护区而此得名。项目总占地面积约3.9万平方米，总建筑面积约5万平方米，是宁波城市提升战略的重点项目之一，也是宁波"紫线"规划中、八大历史文化街区中最先动工的保护性开发项目。如图4-63所示。

紫线：城市紫线指历史文化街区的核心保护范围和建设控制地带、历史建筑及其风貌协调区。

作为第一个以江南院落为设计理念改造的商业街区，与人们熟知的上海新天地、成都宽窄巷子一样，月湖盛园也创造了中国旧城

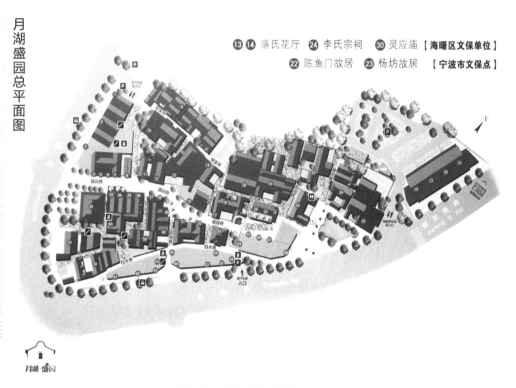

图4-63　月湖盛园总平面图

改造的新模式。项目以宁波市本土商帮文化为精神内涵，秉承"保护、传承、创新、超越"的开发理念，在继承中华优秀传统文化的同时，赋予了街区全新的时代风貌，为城市古老街区的保护和创新做了一次可供借鉴的有益尝试，同时形成宁波市新商业格局中意义深远的文化地标。月湖盛园项目对历史文化街区的保护与开发模式，不仅在宁波市，甚至在全国范围内，都具有极强的借鉴和推广意义。

月湖历史文化街区聚集全国重点文物保护单位1处、省级文物保护单位3处、区级文物保护单位7处、市级文物保护点34处、区级文物保护点10处，是一个有着丰富文化内涵而且保存相对完整的历史街区。项目在设计之初就确立了"修旧如旧"和"整新如旧"的大原则，强调保留原有街区的城市肌理、建筑尺度和空间结构。对于具有重要历史价值、需要完全保留的老建筑，通过"修旧如旧"的方式对其进行保护性修复；对于需要拆除重建的建筑则采用"整新如旧"的办法，在增强实用性的同时还原的古朴风貌，使整体街区和谐统一。

1. 街区与院落

月湖盛园项目建筑部分的设计精妙，使人眼前一亮。保留的院落，分为"完全保护院落"与"保护加改造院落"，采用不同的设计和施工手段。同时，迁入一些重要院落，如将陈鱼门故居、林宅等重要的传统街巷建筑迁入规划范围内，使街区形成一个完整的院落体系。

在中国的传统民居中，院落是住宅重要的组成部分，无论是北方古朴的四合院，还是江南精致小巧的园林，院落都在其中扮演举足轻重的作用。月湖盛园项目采用街区加院落的空间布局形式，同时把原本封闭在里面的院落打开，尽可能地恢复和扩展原有的空间，创造更为宽敞的户外就餐与公众聚会空间，使其最大限度地提升了商业价值

（图4-64）。在外部空间的功能布局中，项目充分考虑原有的建筑和街区的历史风貌，尊重并恢复之前的街巷结构，还原了带河巷、白水巷、郁家巷等主要街巷；同时考虑全新的商业功能需要，设计出脉络更加清晰的"鱼骨形"街巷结构，使项目成为一个有机融合的整体，并更具方向感和引导性。

2. 建筑与景观

月湖盛园项目在建筑和景观的设计上可圈可点：重新统一了与外部空间、院落的风格和氛围，在如实反映历史风貌的同时，与周边的新建筑和谐共存。如图4-65所示。

图4-64　月湖盛园街角院落

图4-65　月湖盛园内部的街巷空间

项目尽可能地保留原有街区老建筑的外墙体，对其加固后继续使用；保留宁波特色的建筑细部，门窗、斗拱、挂落、牛腿等具有历史价值和地域特点的部分整修利用；对一些古老珍贵的装饰壁雕和彩绘进行保护性修复，尽可能地把更多的历史痕迹保留在改造后的街区中；保留所有屋顶体系，项目改造后与原有建筑屋面保持协调一致，使改造前后的空间肌理与空间尺度相吻合（图4-66）。改造后，墙体上的青砖保留了江南民居中最经典的元素，大跨度的门楼和挑高的钢架，使得古老与现代融汇和谐而自然（图4-67）。

月湖盛园的建筑和景观鲜明地体现"为生活而设计"的理念。建筑最大限度地考虑了后期使用的便捷性，为后续项目的商业价值预留出很大空间。形式与内容的完美结合，是月湖盛园建筑设计成功的重要因素。

图4-66　月湖盛园古建筑立面

月湖盛园的景观以"鱼骨状"呈现，"鱼头、鱼腹、鱼尾"分别是三个中心广场，中间以鱼骨串联。

　　"鱼头"位置是与主入口相连的水镜广场。广场位于园区东北角，中心有一座水池，池水清澈见底，平静如镜，名称因此而来。广场上种植了高大的银杏树，间或设置了休息座椅，开阔的户外空间为游客和周围居民提供了绝佳的休闲场地。同时，独特的雕塑小品和文字符号又增强了园区的识别度，为刚刚踏入月湖盛园的游客打开探索新奇世界的大门。

　　"鱼腹"和"鱼尾"分别是位于盛氏花厅和灵应庙附近的公共空间。三个广场的有机连接，营造出全新的户外公共活动空间，月湖文化保护区和城市商业中心，通过一系列连续的步行空间串联在一起（图4-68）。

图4-67　月湖盛园古建筑大门

图4-68　月湖盛园入口景观

月湖盛园项目尊重并恢复原有的城市天际线。以灵应庙在镇明路的天际线为主导地位，在充分考察宁波建筑历史和周边环境的基础上，通过把握合适的建筑尺度，协调各部分比例关系，最终形成优美的城市天际线，并且通过夜景照明的手段，优化夜间景观视觉效果（图4-69、图4-70）。

图4-69　月湖盛园建筑界面控制

图4-70　月湖盛园沿街天际线

3. 导视系统

园区中四条街巷将多个建筑院落串联起来，复杂的路网，在科学的导视系统指引下路径清晰；独特的导视系统不仅为整个街区道路锦上添花，其自身也是具有价值的艺术装置。这些看似不起眼的设计，却是项目不可或缺的部分；它完善了道路系统，提升了游人的体验感。美国学者雅各布斯说："每一条得到认可的美好街道都具有悠然自得、不疾不徐的步行环境"。月湖盛园的导视系统精致而富有设计感，它吸收江南园林的符号元素，又通过现代设计手法予以表达，使传统文化在现实中得以延续，一体化的设计理念又使其完美融入整个项目中（图4-71、图4-72）。

改造完成后的月湖盛园，早已不见老街区曾有的破败与颓废，建筑、街道、院落、景观在精心修复后，焕发出了迷人的光彩。

图4-71　月湖盛园导视系统

图4-72　月湖盛园建筑名称

第五章

设施的设置及运行安全

城市视觉系统规划设计涉及专业领域较多，每个专业都有国家及行业标准规范，也包括地方出台的标准规范。在设计过程中如有国家或行业标准规范制约，须按标准规范执行，各地可根据本地气候及人文特色等情况，提高相关标准规定。本章内容多摘录自国家及地方标准规范，为达到设施的设置及运行安全的最低要求，须严格执行。

[第一节]

作业安全

1. 道路作业安全

（1）占道作业区布置要考虑占道作业的内容与要求、时间和周期、交通量等因素，作业区内交通安全设施等设置应合理、前后协调，起到引导车流平稳变化等作用。表5-1、图5-1。

（2）对于临时性占道作业，宜设置围挡或围栏对作业区进行封闭管理。作业区围挡或围栏上宜设置施工警示灯及施工标志。

占用机动车道作业区长度取值表　　　　　　　　　　　　表5-1

序号	计算行车速度（km/h）	预警区分段长度（m）			上游过渡区最小长度L（m）				缓冲区长度(m)	工作区长度(m)	下游过渡区最小长度L（m）	终止区长度(m)
		A1	A2	A3	封闭路肩宽度<2.5m	封闭路肩宽度>2.5m	封闭车道宽度<3.0m	封闭车道宽度>3.0m				
1	120、100	300	500	800	80	100	200	250	50	与占道许可批准长度一致	20	30
2	80	200	300	500	40	50	100	120	40			
3	60	100	300	400	30	40	70	90	40			
4	50	100	200	300	20	30	50	70	30			
5	40	100	100	0	10	20	30	40	20			
6	30、20	50	0	0	10				10			

（3）宜在缓冲区内设置路栏、反光沙桶、作业区标志、闪光箭头板等可移动安全设施。宜在上游过渡区内设置反光沙桶、作业区标志、闪光箭头板等安全设施。

（4）交通安全设施的设置与撤除：当进行占道作业时，宜顺着交通流方向设置安全设施，即先设置离作业区远端的设施。当作业完成后，宜逆着交通流方向撤除为占道作业而设置的有关安全设施，即先撤出离作业区近段的设施，恢复正常交通。图5-2。

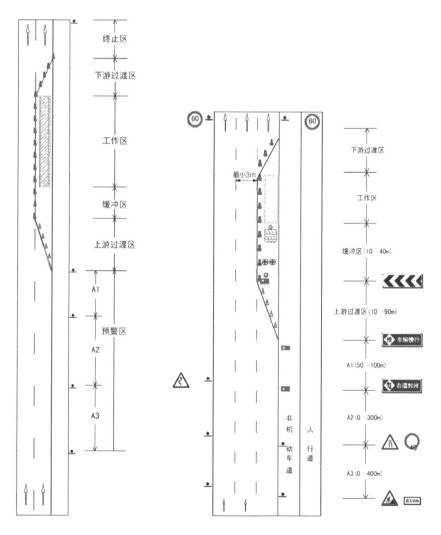

图5-1　占用机动车道施工
　　　　各区域距离示意图

图5-2　一般道路临时占道施工安全措施示意图
　　　　（占道施工道路封闭形式多样，限于篇幅，
　　　　此处选列一种情况示意）

（5）其他情形的占道施工安全措施请参考《深圳市交通运输委员会占道作业交通安全管理设施设置技术指引（试行）2012》。

2. 高空作业安全

（1）本节所指的高处作业是指，从建筑物上部，沿立面用绳索通过悬挂设备，在专门搭载作业人员及其所用工具的装置上进行的作业。

（2）高处悬挂作业企业必须建立、健全安全生产责任制，制定相应的高空作业规章制度并严格执行，必须做好岗前培训、上岗"三交代"等执行情况的记录存档工作。

（3）高处悬挂作业所使用的设备必须严格按照《生产设备安全卫生设计总则》GB 5083—1999《高处作业吊篮安全规则》JG 5027—1992等标准和技术规范设计制造。悬挂作业设备及电器、机械安全附件、安全装置、安全绳和安全带等特种劳动防护用品必须符合国家有关安全标准或行业标准。悬挂设备应逐台建立产品及其使用、检验、维修、保养档案。

（4）高处悬挂作业所使用工具、器材、电缆、水管等必须有可靠的防坠措施。

（5）高处悬挂作业人员必须持证上岗，能正确、熟练地使用保险带和安全绳。安全绳上端固定应牢固可靠，使用时安全绳应基本保持垂直于地，作业人员身后余绳不得超过1米。若无特殊安全措施，禁止两人同时使用一条安全绳。

（6）高处悬挂作业现场区域应保证四周环境的安全，其作业下方在作业前须进行清场，并设置警戒线，派专职人员看守，在醒目处应设置"禁止入内"的标志牌。

（7）高处悬挂作业不得在大雾、暴雨、大雪、大风（风速10.8m/s，相当于阵风6级）等恶劣气候下及夜间无照明时作业。不得在同一垂直方向上下同时作业。在距离高压线10米区域内无特殊安全防护措施时禁止作业。

（8）新安装、大修后及闲置一年以上的设备，启用前必须由有资质的安全检测机构按《高处悬挂作业安全规程》DB 31/95—2008进行安全性能检查。

3．水上作业安全

（1）水上作业人员必须佩戴安全帽、穿救生衣、系安全带、穿防滑鞋。严格落实所有安全技术措施和个人劳动防护用品，未经落实时不得进行施工。作业平台上需备足并正确放置救生设备（救生衣、救生圈、救生绳等）。

（2）水上作业的安全标志、工具、仪表、电气设施和各种设备，必须在施工前进行检查，确认其完好，方能投入使用。

（3）水上作业人员，必须经过专业技术培训，做到持证上岗，并必须定期进行体格检查。

（4）施工中对水上作业的安全技术设施，发现有缺陷和隐患时，必须及时解决；危及人身安全时，必须停止作业。

（5）施工作业场所有可能坠落的物件，应一律先行撤除或加以固定。水上作业中所用的物料，均应堆放平稳，不妨碍通行和装卸。工具应随手放入工具袋；作业中平台应随时清扫干净；拆卸下的物件及余料和废料均应及时清理运走，不得任意乱置或向下丢弃。传递物件禁止抛掷。

（6）雨雪天气进行水上平台作业时，必须采取可靠的防滑、防寒和防冻措施。凡水、冰、霜、雪均应及时清除。

（7）遇有六级以上强风、浓雾等恶劣气候，不得进行水上作业。暴风雪及台风暴雨前后，应对水上作业安全设施逐一加以检查，发现有松动、变形、损坏或脱落等现象，应立即修理完善。

（8）因作业必需临时拆除或变动安全防护设施时，施工及安全负责人必须签字同意，并采取相应的可靠措施，作业后立即恢复。

（9）水上作业平台周边必须设置防护栏杆，并挂设安全网，如设置防护栏杆存在困难，工人作业必须系安全带。

（10）水上作业应有牢固的立足作业平台，临边防护要符合规定。攀登的用具，结构构造必须牢固可靠，梯子底部应坚实，不得垫高使用，梯子的上端应有固定措施。

（11）如作业地点在受政府部门管理的河道，须严格按照《内河交通安全管理条例》（国务院令第335号）的规定进行安全管理，接受当地港航监督部门监督检查，施工前认真检查各种机械设备是否存在安全质量隐患。在桥轴线上下游规定水域设航道标识和减速行驶标识；在施工水域非通航区的上下游界限处，设置施工水域禁行标识。

（12）施工人员在施工过程中必须有足够的安全意识，树立"安全第一"的思想，具有超强的责任心，发现安全隐患及时处理并上报，确保施工顺利进行。

设施安全

1. 视觉一体化设施在实施落地选择地址时，与架空电力线、直埋电缆的距离应符合国家相关标准规定。不应设在架空电力线的下方，设施外沿与电力导线应保持一定的安全距离。

2. 视觉一体化设施基础与其他管道的距离应符合国家相关标准的规定。不得设置在易燃、易爆等危险场所，不得设置在对抗震不利的地段和危险地段。设施的设置应当符合消防安全规定。

3. 视觉一体化设施的结构应符合相关国家标准和地方标准等有关结构设计的要求，并应有结构设计计算书，经有建构（筑）物结构设计或检测资质的第三方复核认可后才可实施。

4. 视觉一体化设施结构的抗震设防标准不应低于标准设防类（丙类），附着式设施抗震设防标准不应低于所附着建(构)筑物的设防标准。

5. 附着式设施，在设计之前应对原建(构)筑物进行结构验算，再对附加广告设施后的结构安全性作出评估。附设在楼面和墙面上的广告设施的钢结构，当采用螺栓或焊缝与原房屋结构连接时，应对连接螺栓或焊缝按结构整体抗倾覆进行计算。螺栓或焊缝的计算应力不应大于承载力设计值的75%。

6. 设施所用材料，包括钢材、钢板、螺栓、照明灯具、电器装置、电线电缆、板面材料等，应符合国家和地方有关标准和规范要求。应采用阻燃材料的，其材质应不低于B级阻燃等级。

7. 结构所采用的钢材，应符合现行国家标准《碳素结构钢》

GB/T 700—2006、《低合金高强度结构钢》GB/T 1591—2018中
的有关规定。

8. 面框架所采用的金属材料，宜符合现行国家标准《不锈钢
冷轧钢板和钢带》GB/T 3280—2015、《装饰用焊接不锈钢管》
YB/T 5363—2016、《一般工业用铝及铝合金板、带材》GB/T
3880.1～GB/T 3880.3、《一般工业用铝及铝合金热挤压型材》GB/
T 6892—2015中的有关规定。

9. 结构所采用的钢材应具有抗拉强度、伸长率、屈服强度、冷
弯试验、冲击韧性及硫、磷含量的合格保证，焊接结构还应具有碳含
量的合格保证。

10. 基础及钢筋混凝土结构所采用的水泥，应符合现行国家标
准《通用硅酸盐水泥》GB 175—2007的规定。

11. 基础及钢筋混凝土结构所采用的砂、石，应符合现行行业
标准《普通混凝土用砂、石质量及检验方法标准》JGJ 52—2006的
规定。

12. 基础及钢筋混凝土结构所采用的普通钢筋的强度标准值应
具有不小于95%的保证率，并应符合现行国家标准《钢筋混凝土用
钢　第1部分：热轧光圆钢筋》GB 1499.1—2017、《钢筋混凝土用
钢　第2部分：热轧带肋钢筋》GB 1499.2—2018的有关规定。

13. 手工焊接所采用的焊条，应符合现行国家标准《非合金钢
及细晶粒钢焊条》GB/T 5117—2012、《热强钢焊条》GB/T 5118—
2012的有关规定；自动焊接或半自动焊接所采用的焊丝、焊剂，应
符合现行国家标准《熔化焊用钢丝》GB/T 14957—1994的有关规
定；CO_2气体保护焊所采用的焊丝，应符合现行国家标准《气体保护
电弧焊用碳钢、低合金钢焊丝》GB/T 8110—2008、《非合金钢及

细晶粒钢药芯焊丝》GB/T 10045—2018的有关规定。

14. 螺栓、锚栓（机械型和化学试剂型）、地脚螺栓、自攻螺钉、螺母及垫圈等紧固件，应符合现行国家标准《紧固件机械性能》（GB/T 3098.1~GB/T 3098.20）的有关规定；钢结构用高强度螺栓（大六角或扭剪型）及其螺母、垫圈，其规格性能应符合现行国家标准《钢结构用高强度大六角头螺栓、大六角螺母、垫圈技术条件》GB/T 1231—2006、《钢结构用扭剪型高强度螺栓连接副》GB/T 3632—2008的有关规定。

15. 安全玻璃或聚碳酸酯板，其产品性能指标应符合现行国家标准《建筑用安全玻璃　第2部分：钢化玻璃》GB 15763.2—2005、《建筑用安全玻璃　第3部分：夹层玻璃》GB 15763.3—2009等有关规定。

16. 视觉一体化设施钢构架宜采用空腹结构，以减少迎风面积，结构应受力合理、传力明确，避免应力集中。

17. 附着于建（构）筑物墙面及屋顶的设施与建（构）筑物梁、柱的连接，应采用化学锚栓、植筋和预埋件连接，并应满足现行行业标准《混凝土结构后锚固技术规程》JGJ 145—2013的相关要求，严禁采用摩擦型膨胀螺栓连接。

18. 暴露在室外环境中的设施钢结构，其受力杆件及其连接的型钢壁厚不应小于3mm，钢管的壁厚不应小于3mm，焊接结构的角钢不宜小于L45×4，螺栓连接的角钢不宜小于L50×5，采用的圆钢直径不宜小于10mm。

19. 受力构架（桁架）的连接节点应采用节点板连接，节点板厚度不应小于6mm；在搭接连接中，杆件的搭接长度不得小于焊件较小厚度的5倍，并不应小于25mm。

20．当面板采用钢板、铝合金板或塑料面板时，应与其构架可靠连接，可采用焊接、螺栓连接、铆钉连接或自攻螺钉连接。

21．当采用木结构时，应采用钢螺杆与钢(混凝土)构架连接，且必须对其结构构造进行防腐、防蛀处理。

22．面框宜采用不锈钢装饰板、铝合金板等材质，其表面宜喷涂或喷塑处理，面框必须与构架可靠连接。

电气安全

1. 视觉一体化设施的子部件用电应以低压供电为主，宜采用三相五线制供电，电路设计应符合现行行业标准《民用建筑电气设计标准》GB 51348—2019的有关规定。配电回路中应设有短路、过负荷和接地故障保护。

2. 室外安装的配电箱、柜应为防雨型，防护等级不低于IP54，且不应安装在低洼处，箱底距地不宜低于300mm。

3. 视觉一体化设施的电气控制箱内应设隔离开关，配电线路应装置短路保护、过负荷保护、接地故障保护。电气设计应符合现行国家标准《建筑照明设计标准》GB 50034—2013、《低压配电设计规范》GB 50054—2011的有关规定。

4. 视觉一体化设施的照明电路系统必须可靠接地。公共场所设置的设施，配电线路中应装置漏电保护，且沿街（或道路）设置的设施，应单独设置接地装置。

5. 电气件及其他材料的选用和安装必须考虑散热和阻燃性，并应适应所在场所的环境条件，应具有防潮、防雨水和防虫害侵蚀的功能。

6. 进线电缆应穿于镀锌的钢质护套管内，钢质护套管的内径不应小于电缆外径的1.5倍，进线电缆在管内不得有接头。电气控制箱底边距地面应大于1.5m。

7. 视觉一体化设施应根据所处防雷环境及现行国家标准《建筑物防雷设计规范》GB 50057—2010的规定设计防雷设施，防雷设计中应具有防止直接雷、感应雷和防雷电波侵入的措施。

8．室外露天敷设的金属管路，管与管连接和管与盒连接处应采取防水措施；接线盒应为防水型。

9．电气线路应敷设在线槽内或穿管保护。交流单根电线、单芯电缆，不应单独穿于钢导管内。

10．配电箱、柜内断路器相间绝缘隔板配置齐全。防触电护板应阻燃且安装牢固。

11．照明线缆应选用铜芯电缆或电线，绝缘类型应按敷设方式及环境条件选择。

12．照明灯具安全性能应符合相关国家标准的规定，灯具的选择应与其使用场所相适应，应根据应用场所选用不同类别的防触电保护灯具。

13．用于设施照明的灯具应固定可靠，在震动场所使用的灯具，应采取防震措施，高空安装的灯具应采取抗风压、防坠落措施。

14．大型户外落地景观下沿距地面应不低于3m。设施照明发光亮度，应符合有关标准和规范要求，避免形成光污染，影响道路行车安全和周边居民生理、心理健康。

15．灯具安装应便于检修与维护。安装在人员密集场所的灯具，应具有防撞击、防玻璃破碎坠落等措施。

16．设施在设计和施工建设中，应根据国家和本市有关部门规定制定配置预防雷击、触电和火灾的防范措施。

17．大型户外视觉一体化设施涉及用电的，应装设可靠的接地装置，接地电阻符合相关标准要求，且不应大于10Ω。

18．附着在建(构)筑物墙面、屋顶的设施的钢结构框架及金属面板，应与该建（构）筑物的避雷系统可靠连接，保证其接地电阻值不大于4Ω，否则应增设接地装置。

19．独立式落地设施应设避雷引下线，引下线应采用热浸镀锌圆钢或扁钢，其截面积不小于100mm^2。

20．落地式广告设施宜利用钢结构框架做接闪器，金属结构柱体作引下线，基础内钢筋作接地体，且金属体之间具有可靠的贯通连接。

21．附着式视觉一体化设施及牌匾标识应与建（构）筑物主体防雷相协调，其金属结构应与建（构）筑物防雷装置可靠连接。

22．电气装置的配电箱、柜的金属柜体和底座等金属部分均应可靠接地；行（游）人可触及的设施应设置接地极，宜采用安全特低电压(SELV)系统供电；建筑物上的附着式设施，应采取防电气火灾保护措施，当采用剩余电流动作保护器防漏电时，其额定剩余电流动作值不应超过500mA。

23．大型落地式设施应做等电位联结。

[第四节]
舆论安全

1. 舆论安全是指在复杂多变的国际国内环境中，国家舆论在维护社会政治稳定、塑造良好国家形象方面的基本功能免受威胁和危害的状态。舆论安全包括传播安全、引导安全和自我更新安全。

2. 视觉一体化设施的设计及设置的精神内涵应围绕党的中心工作，按照中央各项文件精神的部署，配合重大改革措施出台而进行。

3. 应结合各地重要会议、领导人活动、重大节日、纪念活动和重大庆典等，要加强调查研究，掌握动态，分析形势，一体化设施的设计及设置应考虑长短期结合。

4. 视觉一体化设施设计理念及动机应确保思想导向、价值导向、行为导向、审美导向等的正确，并保持宣传基调的持续性和稳定性。

5. 主管部门管理人员应具有政治敏锐性和政治鉴别力。要从大局出发，增强忧患意识、阵地意识。

6. 要顺应新媒体发展趋势，一体化设施的设计应勇于创新、勇于变革，推进理念、内容、手段等全方位创新。推动各种媒介资源、要素有效整合，推动信息内容、技术应用、平台终端等共享融通。

7. 视觉一体化设施及其媒体播放内容应接受当地宣传主管部门的监管，配合当地当前舆论宣传方向进行设计及设置。

运行要求

1. 视觉一体化设施的设置，必须符合当地各项规划及规范指引。

2. 视觉一体化设施所有方或安全责任约定人对设计、施工、验收、管理、运行维护等全过程安全生产负有全责。设施建设期安全生产由建设施工单位负责，运行维护期由运行维护单位或安全约定责任人负责。

3. 视觉一体化设施应由有资质的设计单位进行设计；承办一体化设施建设的施工单位应有相应的施工资质。

4. 对照明灯具、电气设备至少每月维护保养一次。对绝缘材料损坏、导线外露的电线、电缆应及时更换，确保用电安全。

5. 应建立设施运行巡查维护制度，运行单位应进行定期维护检修。遇有大风、暴雨、暴雪等恶劣天气，要对所属设施及时检查、巡视，防止事故发生。建立运行维护巡查档案，确保有据可查。

6. 在大风季节，应对设施构架连接节点(连接螺栓与焊缝)、支座、锚固节点和附属设施的固定节点进行检查和加固，对面板及其固定螺钉(包括铆钉)的老化程度、牢固度进行检查和加固，并应采取有效措施。

7. 在大雪、雷雨和梅雨季节，应对一体化设施的电气设备和避雷设施的可靠性进行检查，以保证电气设备和避雷设施的安全可靠。

8. 视觉一体化设施运行期间，要确保设施结构安全牢固、使用功能齐全、外观完好无损、画面历久常新。发现有破损、污迹、严重褪色，或出现画面残缺、断亮、残损等情况，要及时采取措施修复、改造。

9. 发现结构、电气、火灾等重大安全隐患，设置单位或安全约定责任人应及时报告属地管理部门，并制定相应的整改方案限期消除隐患，隐患消除前，应停止设施使用，并设置警示标志，防止发生次生事故。

10. 从事设施维护的电气焊工、电工、高空作业等特殊工种专业人员，必须持证上岗。作业过程中，必须按照相关工种岗位安全操作规程要求，采取相应的防护措施，严禁违规操作。

11. 对存在危及安全的设施，主管部门应安排有资质的专业检测、检验机构进行安全检定，根据检定结果出具安全检定报告。检测、检验机构对出具的安全检定报告的真实性负有法律责任。设施所有方应根据检定意见，进行改造或拆除。

文章及规范标准在线扩展阅读

第三章第二节 《重庆解放碑 中央商务区》		
第四章第一节 《成都宽窄 巷子》		
第四章第二节 《成都远洋太 古里》		
第四章第三节 《深圳华强北 商业步行街》		
第四章第四节 《宁波月湖 盛园》		

《城市户外广告设施技术标准》		
《城市市容市貌干净整洁有序安全标准（试行）》		
《户外广告设施钢结构技术规程》		
《城市夜景照明设计规范》		
《城市道路施工作业交通组织规范》		
《深圳市占道作业交通安全管理设施设置技术指引》		
《宁波市月湖历史文化街区保护规划》		

参考文献 /

［1］ 张超. 试论城市色彩规划原则［J］. 现代装饰（理论），2012
（01）：144 - 144.

［2］ 陈娜，李磊. 城市色彩景观的规划与设计［J］. 城市建设理论研
究：电子版，2012（35）.

［3］ 毛蕊. 色彩城市的品位和霓裳：The City Colors［J］. 旅游纵
览，2012，000（004）：6 - 12.

［4］ 张惠东. 试论城市色彩规划设计的原则［J］. 图书情报导刊，
2006，16（3）：145 - 146.

［5］ 陈洁，张俊. 城市园林景观设计基本原则及主要措施分析［J］.
建材与装饰，2013，000（035）：12 - 13.

［6］ 邓申君. 城市夜景照明的功能类别及相互协调［J］. 灯与照明，
2001，025（004）：51 - 53.

［7］ 陈正辉. 户外广告的创新思维［J］. 声屏世界：广告人，2003
（Z1）：105 - 106.

［8］ 缪晓宾，许佳. 城市家具情感化设计［J］. 郑州轻工业学院学报
（社会科学版），2008，9（2）：66 - 68.

［9］ 皮永生. 城市家具的地域性设计［J］. 装饰，2006（08）：
94 - 94.

［10］中央美术学院城市设计研究所. 城市导视系统设计［J］. 城市发
展研究，2004，11（001）：64 - 69.

［11］潘绍棠. 景观雕塑［M］. 乌鲁木齐新疆科技卫生出版社，2002.

［12］孟兰. 景观雕塑发展趋势探讨［J］. 郑州大学学报（哲学社会科
学版），2010，043（005）：151 - 154.

［13］鲍威尔. 城市的演变［M］. 北京：中国建筑工业出版社，2002.

［14］张京祥，李志刚. 开敞空间的社会文化含义：欧洲城市的演变与
新要求［J］. 国际城市规划，2004，19（1）：24 - 27.

［15］凯文·林奇. 城市意象. 第2版［M］. 北京：华夏出版社，2011.

［16］戴志中. 国外步行商业街区［M］. 南京：东南大学出版社，2006.

［17］许兰. 上海南京路步行街环境设计心理研究［D］. 南京：南京林业大学，2013.

［18］刘凤云. 明清城市的坊巷与社区：兼论传统文化在城市空间的折射［J］. 中国人民大学学报，2001，15（002）：111－117.

［19］胡佳. 浅议背街小巷的街巷文化［J］. 新美术，2008（06）：107－108.

［20］夏本安. 高速公路景观绿化设计研究［J］. 中外公路，2004，24（002）：99－102.

［21］钱逸卿. 基于视知觉整体性的城市建筑组群空间研究［D］. 杭州：浙江大学，2010.

［22］鲍威尔·K. 旧建筑改建和重建［M］. 大连：大连理工大学出版社，2001.

［23］卫大可，卫纪德. 精心改造再现生机：一般性旧建筑改造的探索与实践［J］. 工业建筑，2006（05）：108－110.

［24］吴源. 广州文化创意园旅游产品开发初探［J］. 特区经济，2014，000（012）：147－150.

［25］孟刚等. 城市公园设计［M］. 上海：同济大学出版社，2003.

［26］中国统计出版社，中国新技术企业发展评价中心. 中国高新技术企业［M］. 北京：中国统计出版社，2009，19.

［27］王星. 宽窄巷子恺庐历史建筑空间保护与更新研究［D］.（学校）2019.

［28］李春甫. 牌匾的发展历史和文化［J］. 丝网印刷，2013，（8）：44－49.

［29］陈学文，张秀珍. 成都远洋太古里商业街环境景观照明艺术分析［C］// 海峡两岸第二十四届照明科技与营销研讨会专题报告暨论文集. 2017.

［30］宋江涛，汤黎明. 商业建筑设计中的品牌表现：东京表参道商业品牌建筑的启示［J］. 华中建筑，2007，25（008）：20－23，27.

［31］涂强. 日本东京表参道商铺设计及商业街区考察［J］. 四川建筑，2010，030（001）：36－37.

［32］雅各布斯. 伟大的街道［M］. 北京：中国建筑工业出版社，2009.